少年安全手册

许建农 / 著

中国妇女出版社

U0391454

图书在版编目（CIP）数据

少年安全手册 / 许建农著. —— 北京 ：中国妇女出版社，2024.4
ISBN 978-7-5127-2358-0

Ⅰ.①少…　Ⅱ.①许…　Ⅲ.①安全教育－青少年读物
Ⅳ.①X956-49

中国国家版本馆CIP数据核字（2024）第003454号

责任编辑：赵　曼
封面设计：末末美书
插　　画：至善奥博—乌鸦
责任印制：李志国

出版发行：中国妇女出版社
地　　址：北京市东城区史家胡同甲24号　　　邮政编码：100010
电　　话：（010）65133160（发行部）　　65133161（邮购）
网　　址：www.womenbooks.cn
邮　　箱：zgfncbs@womenbooks.cn
法律顾问：北京市道可特律师事务所
经　　销：各地新华书店
印　　刷：小森印刷（北京）有限公司

开　　本：165mm×235mm　1/16
印　　张：13.5
字　　数：200千字
版　　次：2024年4月第1版　　2024年4月第1次印刷
定　　价：49.80元

如有印装错误，请与发行部联系

没有安全就没有现在，没有爱就没有未来

亲爱的同学们，你们好！

这本书我先于同学们一步，通读了全书，感触很深。

人生最宝贵的就是生命，生命对于每个人来说都只有一次，我们每个人都应该倍加珍惜自己的生命，因为你的生命不仅属于自己，还属于你的父母、你的老师，还是国家和社会的宝贵财富。珍爱自己的生命，就是爱国家、爱社会、爱家人、爱自己。

保护生命，就要学习安全知识，提高安全自护技能，培育安全素养。同学们现在所处的生活环境和生活条件和我上学时是完全不一样的。我小的时候，新中国还没有建立，孩子们面临饥饿、疾病、天灾人祸等问题。可以说，当时孩子们的生命都得不到保障。新中国成立后，孩子们的温饱问题、健康问题、入学问题基本上得到了解决。这些年来，党和国家保护青少年的政策、法规、措施不断出台，为同学们的成长和安全提供了

坚实的保障。

现在同学们生活的条件跟过去相比，有着天壤之别，但同学们一定要记住，无论现在学校、社会、家庭对我们的安全保障多么周全，如果我们自己缺少安全意识、安全素养，危险也仍然有可能降临到我们头上。所以掌握安全知识，学会自我保护，是我们在青少年时代必须掌握的技能，也是青少年生长所需要具备的重要核心素养。

许建农老师在这本书中既提到了学生生活中要注意的安全隐患、危险行为，也提到了安全自护技能和安全思维。这本书既是一本安全知识和技能的普及读物，也是提升生存技能和促进成长的智慧读物。北京青爱教育基金会把这本书推荐给同学们，是送给同学们的一份特殊的人生礼物。

没有安全，一切都是零，没有对生活的热爱就不可能有美好的未来。我作为一名老教育工作者，希望同学们珍惜今天的幸福生活，认真学习书中的安全自护技能、方法、原理和思维，为自己的安全和健康成长打下坚实的安全基础，努力使自己成为一个勇敢、健康、快乐、懂得自护的少年。衷心祝愿每一位同学都拥有充满明媚阳光的少年时代！

中国教育学会名誉会长，北京师范大学资深教授，
北京青爱教育基金会终身名誉会长

我的安全我做主

同学们好，我是许老师，是你们的大朋友。

这本书是写给你们看的。当然，你们也可以和父母一起看。

我的生日是五月四日，似乎这辈子注定要和青少年打交道。果不其然，大学毕业后，我就进入了教育系统，从此开启了三十余年和你们交往的历史。

我记得我办理的第一个青少年维权案件的主角名字叫金牛。当时他还是一个小学生，他在去外边倒垃圾的时候，沉重的垃圾桶铁盖突然落下来，砸断了他的一根手指。虽然经过努力，负责环卫的单位对小金牛进行了经济赔偿，但小金牛却落下了终身的残疾。

这件事过去了近三十年，想必从前的小金牛今天已经成为成家立业的大男人了。当年学校里面还没有安全课，垃圾桶也不像今天的垃圾桶那样轻便，那个时候去办理维护青少年权益的案件还缺少法律体系的支撑、心理工作的干预以及社会各界的广泛支持，开展青少年维权工作主要依靠对青少年本能的热爱以及四方游说的功夫。青少年本身尚未意识到自己是自身安全的第一责任人。

1998年11月18日，在这个寒冷的深夜，十四岁女生马某和堂弟悄悄离开家，去户外观看难得一见的流星雨，在路上遇到了冒充联防队员的歹徒。歹徒在支走马某的堂弟后，将马某带到荒郊野外残害致死。

"流星雨之夜事件"震惊了全国。它暴露出我国青少年的教育中缺失了一课，这堂课就是"安全与自我保护教育"。该事件由此拉开了"星光青春保护行动"的序幕，安全自护教育从此在全国各地广泛开展起来，我也有幸成为推广者之一。

"只有能够激发学生去进行自我教育的教育，才是真正的教育。"这是著名教育家苏霍姆林斯基送给所有教育工作者的一句箴言。教育的最终目的，是培养一个具有责任感，能够积极适应社会、身心健康发展的人。安全自护教育的主体是青少年，除了要教授青少年安全自护知识，培养青少年的安全自护技能，养成安全自护行为习惯，更重要的是要让青少年珍爱生命、敬畏生命，唤醒生命意识，做自身安全的第一责任人。

作为一名从事青少年权益保护工作的专职人员，我希望这本书能够为你们的成长提供一些参考。这些参考是我和我的同事们长期在一线开展教育和培训的结晶，也是人生经验的总结，但愿能够为你们今后成长的道路扫除一些"杂草"和"绊脚石"，也希望危险能够远离你们，阳光永远照耀你们，平安、健康、快乐永远属于你们。

许建农

2023 年 11 月

目录
CONTENTS

第一章 | 安全思维课堂：
你一定要牢记的 10 种安全思维

❶ 生命与财物，孰轻孰重？ 003

安全思维 1：生命第一，其他次之

❷ 怎么避免无处不在的安全隐患？ 007

安全思维 2：预防为主

❸ 哪些才是真正能保护自己的"防身术"？ 012

安全思维 3：擒拿格斗术未必能保护我们的安全

❹ 不会这么巧就遭遇危险吧？ 017

安全思维 4：侥幸心理是打开危险之门的钥匙

5 冒险是勇敢的表现吗？　021

安全思维 5：不以安全为代价进行冒险

6 为什么"三观"是人生道路的指南针？　026

安全思维 6：培养正确的是非观

7 遇到问题为什么要和父母交流？　030

安全思维 7：父母是保护我们的最强大力量

8 为什么对身边的熟人不能完全放松警惕？　035

安全思维 8：伤害你的往往是熟人

9 去热闹的地方总该很安全吧？　040

安全思维 9：人多的地方不一定安全

10 有大人来求助，帮还是不帮呢？　044

安全思维 10：未成年人不要轻易帮助成年人

第二章｜**藏在你身边的 10 种安全隐患**

1 当有人跟你搭讪时该如何拒绝？　051

危险信号 1：过于热情的关心

2 玩水时最大的安全隐患是什么？　055

危险信号 2：玩水时忽视溺水的危险

3 朋友圈安全吗？　060

危险信号 3：个人信息泄露

4 为什么交通事故、溺水等意外会频频发生呢？　064

危险信号 4：对安全提醒熟视无睹

5 为什么有时候勇于尝试并不值得被肯定？　068

危险信号 5：不分是非，要一探究竟

6 每天只想玩游戏怎么办？　073

危险信号 6：玩游戏总是停不下来

7 离开父母就可以解决所有的烦恼吗？　078

危险信号 7："我想离家出走"

8 邪教邪在哪儿？　082

危险信号 8：接触邪教

9 有人敲门，独自在家时要不要开门？　087

危险信号 9：独自在家时的敲门声

⑩ 为什么随身带着武器反而不安全？　092

　　危险信号 10：书包中的刀

第三章 ｜ **危险往往潜伏在**
这 10 大危险行为中

❶ 日常出行如何确保安全？　099

　　危险行为 1：戴耳机走路

❷ 夜不归宿为什么有很大的安全风险？　103

　　危险行为 2：夜不归宿

❸ 在朋友圈炫一下优渥生活也有危险？　107

　　危险行为 3：朋友圈炫富

❹ 为什么逃课不是小问题？　112

　　危险行为 4：逃课

❺ 占便宜又不是偷，有那么严重吗？　116

　　危险行为 5：贪小便宜

❻ 欺凌是违法违纪行为吗？　120

　　危险行为 6：欺凌同学

7 压力大时如何避免极端心态？ 126

危险行为 7：极端心态导致自杀自残

8 规则限制了我们的自由吗？ 131

危险行为 8：漠视规则

9 有时开玩笑为什么会给他人带来伤害？ 136

危险行为 9：恶作剧

10 艾滋病是全人类的敌人，如何避免感染？ 141

危险行为 10：不安全的性行为

第四章 | 学会 10 个自护技能，勇敢应对身心伤害

1 遇到地震怎么办？ 149

自护技能 1：地震避险

2 游玩时出现了拥挤情况怎么办？ 155

自护技能 2：拥挤踩踏现场自护

3 遇到了车祸怎么办？ 160

自护技能 3：车祸自救

4 被坏人绑架了怎么办？ 164

自护技能 4：应对绑架

5 与人发生了矛盾，是据理力争还是委屈地咽下
这口气？ 168

自护技能 5：学会宽容

6 如果有人触碰身体，该怎么办？ 173

自护技能 6：防范性侵害

7 校园里出现意外时如何正确提供帮助？ 177

自护技能 7：校园急救及 AED 使用

8 在重组家庭中如何保护自己？ 183

自护技能 8：多交流、不指责

9 父母对我们进行暴力侵害怎么办？ 188

自护技能 9：应对家庭暴力

10 考试前总是焦虑不安怎么办？ 193

自护技能 10：考前心理减压

后 记 198

第一章

安全思维课堂：

你一定要牢记的 10 种安全思维

1 生命与财物，孰轻孰重？

安全思维 1：生命第一，其他次之

"活着就有希望""生命第一"在很多人看来是最简单不过的道理，但现实生活中，作为心智还未成熟的青少年，我们常常会因为一时的错误念头或疏忽而失去自己宝贵的生命。2016 年，一名高二的男生因考试作弊被发现，冲动之下选择了轻生；2023 年，某小学一年级学生在校内被车撞而身亡，一朵美丽的花还未绽放就已凋零。我们总以为意外离自己很远，实际上，意外总是在我们不经意的时候突然发生，生命是最宝贵的，同时又是脆弱的，需要我们时刻用心守护。

青少年正处于一个最容易迷失在种种执着中的年纪。那个执着有可能是一个我们一直努力却没能达到的成绩，可能是某件对我们来说很珍贵的物品，也可能是一个我们喜欢但他不喜欢我们的人。有时候，我们会被这些身外之物的"重要性"

蒙蔽双眼，进而忘记了生命是 1，其他所有都是 0，没有前面的 1，后面有再多的 0 也无济于事。

2017 年 2 月 20 日，一名高三学生因为学习压力过大，担心考不上大学无颜面对父母，选择了跳河轻生。可是，当冰冷的河水漫过他的头顶时，对死亡的恐惧立即充斥了他的大脑。后悔莫及的他开始大声呼救，幸好此时一位路过的好心人和一位船夫向他抛出了一根皮管，并帮他报警求救。在公安和消防人员及好心人的合力帮助下，这位因一时想不开而作出错误选择的男孩才得以获救。试想一下，如果当时没有好心人听到他的呼救，他就会在对自己一时冲动的无尽悔恨和对死亡的恐惧中死去。对于他的亲人，这无异于灭顶之灾。身体发肤，受之父母，不论我们的家人平时如何对我们严格要求，他们最希望的，不过是我们平安健康地过好这一生。不珍惜自己的生命，误把自杀这种极端的方式当作解决我们人生问题的方法，是对自己的残忍，也是对所有爱我们的人的残忍！

除了因为压力而自寻短见，为了保护身外之物而葬送自己的生命、因小失大的例子也不在少数。2021 年 11 月 9 日，在美国的芝加哥，24 岁的中国留学生郑某在遭遇抢劫的过程中惨遭歹徒枪杀。在案件的调查中发现，持枪抢劫的罪犯原本没打算开枪，但在挟包逃走的过程中，郑某为了抢回存有他很多重要研究成果的电脑，激怒了歹徒，导致其开枪。事情发生得非常之快，虽然居住在附近的一名医生迅速前往救援，年轻的郑某还是失去了生命。郑某从小和母亲相依为命，母亲是一家医院的普通职工，她节衣缩食、拼尽全力就是为了给儿子一个更好的未来。郑某也没辜负母亲的希望，从小就是一名品学兼优的学生，从以优异的成绩考入名牌大学，到勤工俭学来到芝加哥大学攻读博士，他的每一步都让这个家庭离他们的梦想更近一些。那声枪响，却击碎了这个家庭所有幸福的美梦。如果郑某没有去试图抢回在他心中无比宝贵的电脑，是不是结局就会不一样了呢？是不是他那比电脑、比科研数据珍贵千倍万倍的生命就不会失去了呢？可惜这个世界没有如果，留给郑某母亲的，是儿子冰冷的尸骨。留给这个世界的，是对又一个未来英才死于非命的惋惜。

生命是一份珍贵的礼物，我们每个人都被赋予了独特价值。我们每个人都有自己的梦想、目标和才华，可以在为这个世界的美好作出贡献的同时绽放出生命之花。生命是一次宝贵的冒险。成长过程中的挑战和困难，不过是使我们变得更强大和更坚韧的机会。每一次失败都是一次宝贵的经验积累，每一次成功都是一次值得庆祝的里程碑。生命是一次无限的创造。只要生命在，就有无数的机会和运气，也永远有逆境翻盘的可能。只要生命在，我们就永远拥有向前奔跑的勇气和力气，跑了一段再回首，轻舟已过万重山。

装进锦囊的智慧

1. 盛年不重来，一日难再晨。——陶潜

2. 天生我材必有用。——李白

3. 人生就像一本书，傻瓜们走马看花似的随手翻阅它；聪明的人用心地阅读它，因为他知道这本书只能读一次。——保罗

4. 生命是唯一的财富。——拉斯基

2 怎么避免无处不在的安全隐患?

安全思维 2:预防为主

　　这是一位不爱补课、爱修楼的校长。自从他成为四川桑枣中学的校长以来,他就开始加固教学楼,他决心把学校的教学楼建成最坚固的教学楼。在他的毅力和坚持之下,花了整整十年的时间,教学楼终于竣工了。同时,在他的倡议之下,桑枣中学基本上每个星期会进行一次疏散演练。2008 年 5 月 12 日 14 时 28 分,汶川地震发生时,桑枣中学的教学楼没有垮塌!全校 2000 余名师生无一伤亡!这位校长被称为"最牛的校长",他的名字叫叶志平。

　　人们常说,隐患险于明火,防范胜于减灾。叶志平校长十年如一日的努力,换来了 2000 余名师生在大灾难中的生命安全。"预防",不仅是社会公共安全的最重要理念,而且是保护我们个人安全的第一道防线,也是最重要的一道防线。

　　未成年人正处于成长阶段,是社会的弱势群体,国家为保护未成年人的合法权益，制定了《中华人民共和国未成年人保护法》，从家庭保护、学校保护、社会保护、网络保护、政府保护、司法保护六个方面，为未成年人提供系统的保障。但是，尽管国家为我们提供的保障非常全面，但如果我们自身缺乏安全自护意识，仍然会受到各种各样的伤害。因此，树立"预防为主"的安全防范意识，做好安全防范工作，是我们每一个未成年人避免受到伤害，或者将发生的伤害降到最低限度的最有效、成本最低的方法。

要使"预防为主"的理念真正发挥作用，就要从技能、行为习惯、素养三个层面提升自己，把预防伤害的网织紧织密，如此，个人的安全才会最大限度地得到保障。

从技能层面来讲，从小学到中学期间，我们通过课堂学习、家庭学习、社会实践，是否掌握了校园安全的知识与技能，如紧急疏散技能、应对欺凌技能、自我心理调适技能；是否掌握了家庭安全技能，如家庭火灾防范技能、家庭防盗技能、家庭成员沟通技能；是否掌握了社会安全技能，如预防公共场所拥挤踩踏技能、预防社会不良诱惑技能、预防毒品伤害技能；等等。知识重在理解，技能重在操作。艺多不压身，平时多学一些安全知识与技能，就能在危险发生时多一分安全保障。

从行为习惯层面来讲，如果我们掌握了一定的安全知识与技能，就要把这些知识与技能转化为良好的安全行为习惯。比如，当我们知道和掌握了预防拥挤踩踏的知识与技能，在商场乘坐自动扶梯时就会自觉排队，用手扶住扶手且保持重心稳定；当我们知道和掌握了心理调适技能，遇到心理问题就会主动和心理老师或者家长进行沟通，也许你还会去找专业心理机构进行咨询；当我们知道和掌握了毒品预防的知识与技能，就会自觉地远离未成年人禁止进入的场所，也不会接受陌生人送给自己的不明物品；当我们知道和掌握了与家长沟通的知识与技能，我们就会心平气和地和家长交流，还会自觉地做一些家

务劳动；等等。将知识与技能转化为良好的安全行为习惯，知识与技能才能发挥作用，而不是仅停留在书本上、口头上。

从素养层面来讲，如果我们养成了一定的安全行为习惯，就要把这种良好的习惯转化为自身的素养，内化为指导自己健康成长的世界观、人生观、价值观。比如，当我们能够在公共场所自觉地遵守各种安全规定，就要把这种安全行为习惯转化为自身的法治素养，为法治社会、法治国家的建设发挥一个公民的作用；当我们在家中分担一些家务，就会增强自己对家庭的责任感，进而增强自己对国家和社会的责任担当，为今后的成长成才打下基础；当我们在心理老师的帮助下掌握了心理调适的知识与技能，就会保持积极的心态，增强战胜困难与挫折的勇气，成为一个勇敢与自信的人。所谓素养，是一个人的底蕴和内在的力量，体现在一个人的方方面面。因此，学习安全自护知识，坚持预防为主，不仅能够最大限度地保护自己的安全，还能够为自己今后的成长打下牢固的基础。

装进锦囊的智慧

1. "预防"是社会公共安全的重要理念。既是保护我们个人安全的第一道防线，也是最重要的一道防线。

2. 做好安全防范工作，是避免每一个未成年人受到伤害，或者将发生的伤害降到最低限度的最有效、成本最低的方法。

3. 只有将安全知识与技能转化为良好的安全行为习惯，知识与技能才能发挥作用，而不是将安全知识与技能停留在书本上、口头上。

3 哪些才是真正能保护自己的"防身术"？

安全思维3：擒拿格斗术未必能保护我们的安全

国外某城市华裔青年小勇自幼酷爱武术，学了很多的武术套路，也练习过散打和摔跤。一天晚上在回家的路上，突然遇到歹徒拦路抢劫，小勇自恃学过武术，立即摆出格斗姿势，歹徒看到小勇会武术，于是拿出了棍棒和匕首。在与歹徒的格斗中，小勇身负重伤，书包和手机也都被歹徒抢走了。

提到防身术，可能很多同学首先想到的是拳击、散打、综合格斗、女子防身术等。但实际上，目前流行的格斗技术都是体育竞赛项目，有一定的规则予以保障人身安全。在面对歹徒、没有规则保障的情况下，所谓的防身术往往会失去效果。现实中面对穷凶极恶的歹徒，防身术往往会失效。危险发生时的思维方式决定着生命的存在与否，而贯通式思维是保护我们安全的重要工具，我们可以称其为"万能防身术"。

所谓贯通式思维，是指人在思维过程中，能够跨领域进行知识的整合、运用，能够举一反三、融会贯通，使储备的知识与技能达到使用效率最大化。

比如，火灾发生时，把毛巾浸湿后进行折叠，然后捂住自己的口鼻逃生。实际上，当危险发生后，毛巾还有多种用途。如当火灾发生在我们的房门外时，我们不能轻易打开房门，以免烟和火突然冲入家门，而应该把湿毛巾剪成布条，堵住房门的缝隙，以免烟雾进入房门；如果我们被困在某处，为了引起他人的注意，我们可以站在高处，一边挥舞毛巾一边高声呼喊；一旦手被烫伤，我们可以把湿毛巾覆盖在手上，及时去医院就医；等等。

另外，拳击中有一个防护动作：当对方向我们击打时，我们双手抱头，身体弯曲，尽量减少受打击面积，以求最大限度地保护自己。在危险发生时，这种保护方式在很多方面都可以应用，比如，当地震发生时，如果我们在室内，要双手保护好头部，蜷缩身体，躲在坚固的物体下面；当我们遭到不法分子的殴打时，我们要双手抱头，双肘护肋，降低身体，减少受打击面积；当我们在户外遇到雷击而又无处躲避的时候，我们要立即蹲下，双脚并拢，双手抱头，头部尽力靠近自己膝部。类似的自我保护方法还有很多，但面对危险时清醒的头脑

和触类旁通、机动灵活的贯通式思维才是保护我们的"万能防身术"。

贯通式思维是一种创新思维，如何才能形成贯通式思维，让"万能防身术"随时发挥作用呢？

首先，我们要有足够的安全知识储备。安全知识有很多，包括防止不法侵害、预防意外伤害、应对自然灾害、卫生健康、心理健康、网络素养等多方面。这些知识不是一朝一夕就能学到的，需要在平时进行一点一滴的积累，逐渐增加自己的知识储备量。

其次，当我们的安全知识储备达到一定程度时，要将知识与技能相结合，抓住机会不断进行实践。比如，我们经常在学校进行紧急疏散演练，但是我们所居住的小区进行过演练吗？如果我们把学校紧急疏散演练的要求运用到小区紧急疏散演练中，就会发现两种演练既有相同之处，也有不同之处。因为很多小区内没有像学校操场一样足够大的空地供人们进行疏散后的集结，需要我们找到更适宜的疏散集结地。

最后，要在日常生活中不断总结经验，形成自己原创的贯通式思维，以有效应对可能发生的突发事件。比如，"生命第一"的理念运用到应对刑事犯罪时，我们可能"以财换命"，但如果运用到地震避险逃生时，我们还会在地震发生时跑回教室去拿书包吗？如果运用到交通安全中，我们还会为了抢几秒钟的时间而闯红灯吗？

安全是相对的，风险是绝对的。在人类尚且无法有效应对各种危险的今天，我们必须挖掘自身的潜能，以增强应对各种危险的能力。而充足的知识储备、科学有效的思维模式、强大的心理素质是保护我们安全的"万能防身术"。这种防身术，不仅能够最大限度地保护我们的安全，还能够为我们一生的成长加油助力。

装进锦囊的智慧

1. 危险发生时的思维方式，决定着生命的存在与否，而贯通式思维是保护我们安全的重要工具。

2. 当我们的安全知识储备达到一定程度时，要将知识与技能相结合，抓住机会不断进行实践。

3. 我们必须挖掘自身的潜能，以增强应对各种危险的能力。

4 不会这么巧就遭遇危险吧？

安全思维 4：侥幸心理是打开危险之门的钥匙

　　交通部门统计资料显示，全国每年交通事故死亡人数约 11 万，其中，14 岁以下儿童死亡人数超过 1.85 万，位居世界第一。公安部道路交通安全研究中心的调查显示，儿童步行交通方式死亡人数较多，儿童步行时横冲直撞行为较为突出。发生事故后，很多家长和受伤的儿童说得最多的一句话就是"如果我遵守交通规则，不心存侥幸该多好啊"。

　　每个人都会有侥幸心理，比如，当遇到危险的时候，我们都希望会发生奇迹，能够化险为夷；当考试的时候，我们总希望试卷上有很多的题目自己曾经反复练习过；当我们在足球场上激烈拼抢时，总希望足球砸到我们的头上然后改变了方向，径直飞入了球门……每当人们遇到压力事件、危机事件、两难事件、小概率事件等，心中充满焦虑、不安、渴求、希冀时，都会希望奇迹向着有利于我们的方向、按我们的意愿发生，期望收获大于付出，这就是侥幸心理。

天上掉馅饼的事情不会经常发生，守株待兔告诉我们不劳而获是行不通的，要想取得理想的成绩、成果、成功，就要付出艰苦的努力，机会只留给那些平时默默付出的人，把自己的未来托付给侥幸心理、小概率事件，结果往往是一次次的失望、失败。

对于我们的安全来说，侥幸心理是通往危险之门的钥匙。这把钥匙造型优美、色彩炫酷、充满诱惑，让我们把它插入那扇未知的门来看看结果吧。

过马路时，我们都知道"红灯停、绿灯行"这个交通规则，但是可能会认为车离我们距离尚远，我们可以在车到达前顺利通过马路。但司机并没有发现我们，也没有减速，结果我们没有侥幸超过车速，车祸发生了……

夏天到了，小区边的小河中经常有人游泳，微风一吹，凉爽极了，但河边立着的牌子上写着"禁止游野泳"。这时候，我们会想，这条河一点也不深，这么多人游泳从来没出过事，我们去游泳应该也不会有问题，于是，我们也成了其中一员。没想到，由于夏季连续降雨，河水的水位升高，原来脚能碰到河底，现在一下水，整个人居然失去了重心，慌乱之下，很可能连灌几口河水，如果没有人施以援手，后果将不堪设想。

同学聚会的时候，如果有人掏出了香烟请大家品尝，这时候我们会怎么做呢？一开始我们可能会犹豫，但是如果对方说"没关系，反正老师和家长都不知道，朋友之间就应该互相分享，吸一根也不会上瘾"。这时候，我们也会觉得既然老师和家长都不知道，尝试一下也没关系。只要一条规则被打破，以后其他规则被打破就不那么难了。今天我们尝试了香烟，以后还有很多东西比香烟更具诱惑，是否也要尝试呢？

此类事例还有很多，比如，博彩网站总告诉我们，动动手指就能挣到你一辈子花不完的钱；有人向我们推销一种"聪明药"，说吃完后学习成绩会迅速上升；平时撒个谎，就能得到老师的表扬，还能逃避家长的批评；考试的时候，偷瞄了一眼提前准备的小纸条，等分数出来后，发现成绩还不错，内心挺得意；放学回家的路一条是灯光明亮的大道，但是离家远，另一条是没有路灯的小路，但是离家近，为了节省时间，我们选择了小路；等等。侥幸心理具有足够强的诱惑力，会经常让我们头脑发热、失去理智，导致严重的后果。

如何抵抗侥幸心理的诱惑呢？首先，我们自身要强大起来，当我们具备足够的知识、能力和对事物强大的掌控力，就不会把希望寄托于侥幸事件上；其次，不要有贪图便宜、不劳而获的心理，要相信付出多少就会收获多少，超额回报在学生时代的学习和生活中并不多见；最后，当遇到困难的时候，要主动征求老师和家长的意见，让他们成为自己的"智库"。

从哲学的角度看，必然性中包含着偶然性，偶然性中也包含着必然性。如果我们对每件事都存在侥幸心理，期待有利于自己的偶然性事件的发生，终将竹篮打水、一事无成。因此，不要让侥幸心理成为自己心理上的"吗啡"。

 装进锦囊的智慧

1. 默默付出，不再心存侥幸。机会只留给那些平时默默付出的人，把自己的未来托付给侥幸心理、小概率事件，结果往往是一次次的失望、失败。

2. 克服侥幸心理。侥幸心理是通往危险之门的钥匙，要理性、客观地对待学习和生活，不要抱有侥幸心理。

3. 提高自己的掌控力。当我们具备足够的知识、能力和对事物强大的掌控力，就不会把希望寄托于侥幸事件上。

4. 学会心理摆脱。虽然某次抱着侥幸心理获益了，但要知道这种情况不可能持续，不要让侥幸心理成为自己心理上的"吗啡"。

5 冒险是勇敢的表现吗？

安全思维 5：不以安全为代价进行冒险

2021 年 5 月 22 日，甘肃省白银市举办了一场马拉松越野赛，因为途中遭遇大风、冰雹、冻雨等极端天气，最终不幸导致 21 名参赛选手死亡，8 人受伤。遇难的人员中不乏像梁某一样的越野跑顶尖选手。梁某是国内越野跑领奖台的常客，是有名的精英选手。像梁某这样的选手，因为在比赛中追求速度，所以随身携带的东西更少，遇到极端天气自救难度也就更大。哪怕是这样一位经验丰富的顶尖选手，在大自然灾害面前也变得无比脆弱。

参加各种活动不以安全为代价

冒险精神是人类天性的一部分，它鼓舞我们去探索未知、挑战极限，从而实现个人成长。然而，冒险不应该以安全为代价，尤其是未成年人。近年来，随着像马拉松、越野跑、极限运动等活动在我国逐渐盛行，青少年越来越多地参与到这些活动之中。即使这些活动更加大众化，也不意味着它们的风险性有所降低。参与有很大风险性的体育运动时，青少年应尽可能地做好安全防护工作，在有安全保障和成年人管护的前提下，有序、科学、文明地参与这些活动。

除风险性较高的体育项目外，因为年龄、阅历、身体条件等原因，生活中我们还会面对很多风险，如果没有安全意识，轻易去尝试和触碰，很有可能会受到伤害，甚至威胁到我们的健康和安全。比如，有的同学尝试吸烟、酗酒，这些行为除了会对我们尚未发育成熟的身体造成直接的影响，还会对心理造成影响，形成叛逆心理、逃避心理，让自己更容易接近周围吸烟、酗酒者的小圈子；有的同学在未经家长允许的情况下，私下和陌生网友约会，甚至和陌生网友一起吃饭、泡吧、去娱乐场所，而一旦陌生网友对你实施伤害，家长根本无法及时帮助你。还有的同学感觉自己已经成年了，于是放任自己的行为，偷偷和异性同学发生亲密行为，甚至使自己的"女友"怀孕、堕胎，让成年后的生活提前到来。当前我们稚嫩的肩膀还承担不起未来生活的压力，时间成本、金钱成本、心理成本、人际关系成本都是我们担负不起的。

永远不要尝试毒品

提到对安全造成最大危害的冒险，不得不提毒品。毒品

的诱惑力在于它可以轻易改变一个人的生理和心理状态。对于处于青春期困惑的我们来说，毒品可能成为逃避现实的选择。一旦尝试了毒品，我们会在一瞬间获得一种无法抗拒的快感。然而，这种短暂的快感背后隐藏着巨大的风险和后果，对我们的身体和心理健康会造成毁灭性的危害。长期滥用毒品会导致认知功能下降、记忆力减退、焦虑和抑郁等，同时，毒品也会对我们的身体造成严重的损害，包括但不限于呼吸系统、心脏和肝脏等器官及中枢神经的损害。除了我们已知的海洛因、鸦片等第一代毒品，冰毒、摇头丸、K 粉等第二代毒品，"浴盐"、LSD 等第三代毒品外，一些危险化学品也应引起我们的高度重视，如笑气。2017 年，一位在美国的留学生，也是文章《最终我坐着轮椅被推出了首都国际机场》的主人公，由于在国外长期吸食笑气，最终手脚失去控制、大小便失禁，至今都无法独立行走。这些健康问题不仅会对我们自己造成不可逆的伤害，也会给我们的家庭、社会带来沉重的负担。更可怕的是，毒品的使用往往还会将我们及我们的伙伴推入违法犯罪的深渊，一旦使用将欲罢不能、受害终身。

鼓励科学探索，学会考量风险

冒险乃人之常情，但冒险不同于探险。我们在同伴中应该倡导的是探索未知、勇于进取的科学探索精神，而不是不顾自身安危的冒险行为。卓别林曾经说过："生命中最珍贵的东西是生命本身。"这句简短而有力的话语强调了生命的无价，提醒我们不要轻易将生命置于危险之中。学会考量我们所作出决定的相关风险，是青少年在成长中必须面对的课题。相比吸烟、酗酒、约见陌生网友这些风险不可控且不应该属于青少年时期的行为，以及吸毒这种违法行为，我们可以通过参加安全的体育运动、探索新的学习领域、学习新技能、广交朋友或参与社会公益活动来满足求新、求异、求自我满足的心理需求。这些活动不仅有助于培养勇气和毅力，还能让我们更加了解自己、提高自信心，同时在这些积极的活动中还可以结交志同道合的朋友。在求新求异的过程中，我们必须牢记责任和自我保护的重要性。任何行动都应该基于对自身的安全和对他人的尊重，在做任何事之前，问自己：这件事安全吗？健康吗？合法吗？对这三者的回答必须是"是"，缺一不可，否则坚决拒绝或远离。

 装进锦囊的智慧

1. 参与有很大风险性的体育运动时，青少年应尽可能地做好安全防护工作，在有安全保障和成年人管护的前提下，有序、科学、文明地参与这些活动。

2. 毒品往往会将我们及我们的伙伴推入违法犯罪的深渊，一旦使用将欲罢不能、受害终身。

3. 在做任何事之前，问自己：这件事安全吗？健康吗？合法吗？对这三者的回答必须是"是"，缺一不可，否则坚决拒绝或远离。

为什么"三观"是人生道路的指南针？

安全思维6：培养正确的是非观

16岁的中学生小涵自从上了初中就迷上了网络游戏，他经常在网吧通宵打游戏，甚至把吃饭的钱都用在了购买游戏装备上。一个周末，小涵到同学家玩游戏，正玩的时候，同学被妈妈叫了出去，屋里只剩小涵一人。他忽然看到旁边桌子的锁上插着钥匙，就打开了抽屉，结果发现抽屉里有一个厚厚的信封，他认为可能是钱，于是偷偷装入了自己的书包，并匆匆离开了同学家。同学的家长发现抽屉里的钱丢失后报了警，最后小涵因涉嫌盗窃罪被起诉至法院。

是非观是一个人在成长过程中必须具备的基本观念。古人讲："明事理，辨是非，知善恶。"是非观与我们的世界观、人生观、价值观紧密相连，关系到我们的人生目标、道德水平，决定着我们的人生道路。正确的是非观同样是一种安全思维，能够保证我们不走歪路、不做错事。

有的同学会说，世界上不存在完全的"是"，也不存在完全的"非"，那么，我们该如何确立正确的是非观呢？世界上的确没有完全的正确，也没有完全的错误，但大是大非还是存在的。比如，孝敬父母和虐待老人、关心他人和自私自利、遵纪守法和无法无天、诚实守信和坑蒙拐骗，等等。我们从小知道什么是对的、什么是错的，就会模仿对的、疏远错的。世界上的是与非有很多，但至少以下四方面的是与非，我们一定要刻在头脑中，作为我们思维和行动的指南。

第一，占有别人的东西是错误的，如果自己做得不对向对方道歉是正确的。这样我们从小就会有边界感，可以减少以后出现越轨行为的可能性。如果我们从小以占有别人的财物为乐，就如同让体内的癌细胞慢慢增长，终究会形成危害健康的肿瘤。同时，虚心承认错误可以提高我们的自省能力，将来就能不断纠正自己的行为和思想。

第二，养成良好的生活习惯是正确的，放任自己的欲望是错误的。比如，有的同学在家庭聚会时不考虑别人，看到自己爱吃的就全夹到自己碗里，家长也听之任之。这样的后果就是我们将来不会考虑他人的利益，认为所有的人都是为自己服务的，甚至不知道什么是规则，法律意识淡薄。相反，如果我们生活有规律，该学习的时候学习，该娱乐的时候娱乐，不浪

费时间，不说脏话，不仅能保证身心健康，还能够提升学习效率，提高自身修养，为今后的成长打下良好基础。

　　第三，遵守秩序是正确的，破坏规则是错误的。秩序与规则是保护所有人的无形的工具，一旦破坏，会影响自己和他人的共同利益。比如，上下车要排队，过马路不能闯红绿灯，公共场所不能大声喧哗。秩序和规则虽然不是法律，却起着稳定社会、维护大家日常生活的作用。

　　第四，关心他人是正确的，事不关己高高挂起是错误的。社会是一个整体，关心他人实际上就是在关心自己，今天我们愿意帮助别人，今后我们也会得到别人的帮助。相反，如果我们从小不会关心别人，看到别人需要帮助的时候不愿意伸出援手，唯恐给自己招来麻烦，既冷血又怕事，我们可能会越来越自私自利，而且易遭受其他同学的欺凌。

是非观是保护我们安全的一道思想屏障，能够屏蔽错误的观念和行为，指明正确的思想和路径。在平时的生活和学习中，我们要向先进人物学习，积累正能量，同时提升自己拒绝不良诱惑的能力，不突破法律与道德的底线，不模仿错误的不安全的行为，从而保证我们安全、健康地成长。

 装进锦囊的智慧

1.是非观对成长十分重要。是非观是一种安全思维，能够保证我们不走歪路，不做错事，快乐成长。

2.培养健全的人格。勿以恶小而为之，如果我们从小以占有别人的财物为乐，就如同让体内的癌细胞慢慢增长，终究会形成危害健康的肿瘤。

3.尊重并执行秩序与规则。秩序与规则是保护所有人的无形的工具，是每个人权力与利益的保障，一旦破坏，会影响自己和他人的共同利益。

7 遇到问题为什么要和父母交流？

安全思维 7：父母是保护我们的最强大力量

每一对父母，与孩子都是生死之交。

——某家长

家庭，是构成人类社会的最基本细胞。家庭是让我们免受伤害的第一道防线。一旦危险发生，家庭又是保护我们的最后一道防线，父母是保护我们的最强大力量。为了孩子的安危，父母可以付出一切，甚至生命。

在现实生活中，我们每每遇到问题，可能不会第一时间和父母交流，有时候甚至把有些话闷在肚子里，不愿意告诉父母，这是为什么呢？

一方面，随着我们逐步长大，尤其是进入小学高年级、中学以后，我们迫切地渴望独立和自主。我们开始喜欢用自己的方式处理遇到的问题，对父母不再言听计从。另一方面，周围的同学、朋友和我们有更多的共同语言，和他们交流更顺畅、更直接，而且不会受到父母式的批评、指责。所以，有些同学放学回到家吃完饭就钻到自己的小屋里闷头学习，懒得和父母交流。有的同学有时候也想和父母交流，但看到父亲严厉的眼神、听到母亲喋喋不休的唠叨，又把想说的话咽了下去。无论父母平时与我们沟通是什么样的态度，也无论我们是否接受，当遇到自己无法解决的问题时，我们最佳的处理方式就是第一时间告知父母。

当我们遇到以下事件时，必须及时告诉家长：

1. 当我们受到来自同学的欺凌的时候；

2. 当我们遭遇到老师的体罚或变相体罚的时候；

3. 当我们身体不适的时候；

4. 当我们心情郁闷、纠结和感到委屈的时候；

5. 当我们的青春期到来生理发生变化的时候；

6. 当我们决定和同学外出游玩的时候；

7. 当我们的行为造成的后果自己无法掌控的时候；

8. 当我们上当受骗的时候；

9. 当我们有极端想法的时候；

10. 当别人告诉你"千万别把这件事告诉你的爸爸妈妈"

的时候。

　　每个人都有自己的"小秘密"，但是当"小秘密"有可能成为大的安全隐患的时候，我们就要及时告诉父母，让父母帮助我们解决那些我们自己无法解决的问题。比如，当我们受到欺凌或者暴力侵害的时候，必须告诉父母，让父母通过正当渠道和合法途径解决问题；当我们决定和同学出去聚会、游玩的时候，一定要把时间、地点、活动形式、参加人员、何时回家等信息告诉父母，因为他们的社会经验比我们丰富；当我们长时间情绪低落、烦躁不安、兴趣减退、孤独苦闷，甚至有极端想法和冲动行为的时候，我们必须告诉父母，要把自己内心真实的感受与想法向父母说出来，因为父母是我们最信赖的人，他们可以帮助我们解开心里的疙瘩；当别人告诉你"千万别把

这件事告诉你的爸爸妈妈"的时候，肯定是怕这件事被你父母知道后对他不利，这个时候一定要告诉父母，才能消除可能带来的风险和隐患。总之，父母是保护我们的最牢固防线，保护我们的安全也是法律赋予父母的职责。

在家中，我们是家庭保护防线的受益者，我们也应该做家庭保护防线的建设者。如何建设家庭保护防线呢？第一，我们要保持对父母的必要尊重，只有尊重父母，自己才会从小建立敬畏之心，父母对我们的劝告、建议我们才能够重视；第二，当我们与父母交流的时候，要学会从对方的角度出发看待问题，这样才能包容、理解父母的意图，才能够与父母更好地交流，并达成一致；第三，学着接纳父母的缺点。父母并非完人，他们的观点并非全部正确，如果我们与父母有分歧，要理智地、心平气和地向父母提出自己的观点，不要一言不合就扭身离去，关闭沟通的大门，家庭保护的防线也就无法得到巩固，最后受到损失的还是我们。

每个人都有自己的家庭，家庭是保护我们的堡垒，父母是我们的守护神。平时，家庭能够为我们遮风挡雨；危难时，家庭是我们疗伤的医院、心灵的归宿。我们一定要热爱我们的家庭、热爱我们的父母，无论出现什么情况，父母都会永远站在我们身边，给予我们战胜困难的勇气和力量。

装进锦囊的智慧

　　1. 信任家庭。家庭是让我们免受伤害的第一道防线。一旦危险发生，家庭又是保护我们的最后一道防线。

　　2. 信任父母。当我们遇到自己无法解决的问题时，最佳的处理方式就是第一时间告知父母。

　　3. 做家庭建设的小主人。我们是家庭保护防线的受益者，我们也应该做家庭保护防线的建设者。

8 为什么对身边的熟人不能完全放松警惕？

安全思维 8：伤害你的往往是熟人

据中国少年儿童文化艺术基金会女童保护基金等主办的 2022 "女童保护" 全国两会代表委员座谈会的消息，《"女童保护" 2021 年性侵儿童案例统计及儿童防性侵教育调查报告》显示：2021 年曝光性侵儿童案例 223 起，受害儿童逾 569 人，表明人际关系的有 198 起，其中，熟人作案 160 起，占比 80.80%，陌生人作案 38 起，占比 19.20%。从 "女童保护" 近几年来发布的报告看，熟人作案比例一直居高。

看到以上数据，你可能会非常震惊：平时让人感到很亲切的老师、亲属、朋友、邻居，为什么要对孩子实施伤害呢？

不可否认，人性中有善良的一面，也有邪恶的一面，教育的目的之一，就是唤醒、弘扬人性中善良的部分，遏制、消除人性中邪恶的部分。但是在一定条件下，当人性中邪恶的部分被激发、唤醒后，道德、法律就会被弃之不顾，我们不敢想象的，甚至有悖人伦的伤害事件就会发生。

熟人对我们的伤害主要包括以下几种类型：

1. 性侵；

2. 绑架；

3. 拐卖；

4. 家庭暴力；

5. 心理伤害。

以上五种伤害，可以分为三类。

第一类：性侵、绑架、拐卖。这三种伤害属于严重暴力侵害，也是严重犯罪行为。之所以会发生，主要原因一是侵害行为实施者对被侵害者的家庭情况、生活状态、作息规律、性格特质等都有一定程度的了解，能够有针对性地策划好犯罪前期的准备、犯罪过程中的细节、犯罪结束后的自保或逃离方法；二是我们在平时的生活中，没有保护好个人及家庭的隐私信息，使歹徒对我们家庭成员的姓名、工作单位、个人行程路线、家庭住址、私家车牌号等信息了如指掌，自然就能够做好实施侵害的各项准备；三是我们的家长有可能在社会上得罪了某些人，如坑骗了某人或欠别人债不还，被得罪的人为了夺回自己的利益，有可能采取非法暴力手段把我们作为人质去索要财产等。

第二类：家庭暴力。实施家庭暴力的人主要是我们的家长或监护人。实施家庭暴力的原因一是父母关系紧张，而我们成为家长的出气筒；二是我们在校内或社会上犯了错误或受到批评，而家长采取了错误的家庭教育方法，对我们以暴力惩罚的方式实施"家庭教育"；三是父母或其中一方的人格中具有暴力倾向，而且在第一次实施家庭暴力时没有被制止，因而形成暴力习惯。

第三类：心理伤害。这种伤害的实施者可能是我们的父母，也可能是我们的老师、同学、朋友。实施方式可能是未经慎重考虑的暴力语言或者冒失的行动，当然有些心理伤害是经过策划的，如群体的排斥行为等。实施理由可能认为熟人之间无须多礼，多礼有伤感情，或者是对被伤害者的心理蔑视。实际上，熟人之间往往更会因为不考虑对方的尊严、不讲究交流与沟通方式而使对方受到心理伤害。

如何才能远离熟人对我们的伤害呢？以下几点供我们参考。

首先，无论对方和我们有多熟悉，我们都应该具有安全防护意识，守好自己的安全底线。比如，除非医疗等原因，自己的身体隐私部位不允许任何人触碰，不轻信不请自来的保证，不随便接受礼物等。

其次，做好家庭及个人信息的保护工作，不要随意在朋友圈等社交平台发布个人或家庭隐私信息，防止私人信息被别有用心的人所利用。

最后，即使在与熟人的接触中，我们也要讲究交流与沟通的方式方法，注意维护对方的尊严，避免因为个人无意的语言与行为对对方造成伤害。

遇到熟人对我们造成伤害，在保障人身安全的前提下，要及时告诉父母或者报警，通过合法的渠道维护自己的权益，不能因为是熟人而忍气吞声、咽下苦果。否则，伤害还会继续。

提升安全意识，增强自护能力，是我们一生的课题。但是，这并不是说我们每时每刻都要保持如临大敌的状态，仿佛周围都是危险，如果这样，我们就会失去基本的安全感，失去对周围人的信任，反而对身心健康不利。安全自护意识是一种融入自身思维和行动的素养，是自信、勇敢、智慧的综合体现，正如《孙子兵法》所言：知彼知己，百战不殆。

装进锦囊的智慧

　　1.熟人之间也容易彼此伤害。熟人之间往往因为不考虑对方的尊严、不讲究交流与沟通方式而使对方受到伤害。

　　2.对任何人我们都应该具有安全防护意识，守好自己的安全底线。

　　3.在保持必要的安全防护意识的同时，我们也要对现实中的人或物保持必要的安全感、信任感，两者有机结合才能正常生活。

9 去热闹的地方总该很安全吧？

安全思维 9：人多的地方不一定安全

2015 年 9 月 24 日，沙特阿拉伯麦加朝圣地发生严重的踩踏事件，伤亡人数不断上涨。沙特阿拉伯官方公布的死伤人数为死者 769 人、伤者 934 人，3 天中参加朝觐仪式的超过 250 万人。中国驻沙特吉达总领馆 25 日对新华社记者说，一名中国甘肃籍女性在踩踏事故中遇难。

人是群居动物。只有在群居的情况下，人与人之间才会互助，才能形成社会。人员聚集的时候，人们普遍会感到放松、愉快、安全，同时也增加了不确定性，危险往往在人们警惕性低的时候发生，所以，在人多的地方要具有安全意识，保持适度的警惕性。

人多的地方容易发生哪些危险呢？

第一，人多的地方容易走失，尤其是儿童。国庆节长假期间，天安门广场是全国人流量最大的场所之一。据报道，7

天里，民警通过广播、电话、电台三种方式，帮助寻找走失走散游客 1.5 万人，其中老人和孩子占四成。

第二，人多的地方容易发生踩踏事件。2009 年 12 月 7 日晚 10 时许，湖南某学校发生一起伤亡惨重的校园踩踏事件，共造成 8 名学生遇难，26 人受伤。这一惨剧发生在晚自习下课的时候，学生们在下楼梯的过程中，一学生突然跌倒引发了踩踏事件。同时，该校没有开展过紧急疏散的应急演练，也没有在楼梯间安装应急灯与警示标志。

第三，人多的地方容易引发刑事案件。主要刑事案件类型包括盗窃、抢劫抢夺等，因为犯罪嫌疑人在实施犯罪行为后容易逃匿。有些国家还容易在节假日或集市上发生汽车爆炸事件。如 2021 年 12 月 7 日，伊拉克南部城市巴士拉发生了一起汽车爆炸事件，造成至少 7 人死亡、十余人受伤。爆炸地点是一家医院附近的餐馆门前。

第四，人多的地方容易传播疾病。人群密集的时候，卫生状况、空气质量都会变差，各种流行性疾病更容易传播，因此，人多的地方要做好一定的自我防护。

第五，人多的地方不一定有人见义勇为。2022 年 6 月 10 日凌晨，河北省唐山市公安局路北分局机场路派出所辖区某烧烤店发生一起寻衅滋事、暴力殴打他人案件。9 名男子用椅子、酒瓶等殴打正在用餐的女性，现场人很多，但并没有人见义勇为，阻止暴力行为。

上述案例是人多的地方容易发生安全事件的主要类型。关于人多的地方发生安全事件，而没有人实施见义勇为的原因，心理学家给出的结论叫作"责任分散效应"，意思是如果有许多人在场，帮助求助者的责任就由大家来分担，造成责任分散，从而产生一种"我不去救，会有别人去救"的心理，这意味着在突发事件发生时，人们通常只会关注自己的安全，而忽视他人的危险。所以，我们要记住的一个规律是，在危险发生的时候，能够对你实施救助的第一人永远是你自己。

人多的地方如何保护自己的安全呢？这里给大家几条建议。

第一，尽量不在高峰期去人多的地方，如果去人多的地方，要提前对当地的地形、空间位置有一定的了解。比如，了解安全通道、紧急出口的位置，确保突发事件发生时能够迅速逃离现场。

第二，最好结伴同行，穿戴便捷的衣物和鞋子，重要物品保管好，并保持适度的警觉，留意周围的人群和环境，避免遭遇突发危险。在密闭空间可以戴口罩，做好自身卫生防护。

第三，遵守公共秩序，不随意推搡、拥挤别人，不喧闹起哄，遇到危险及时报警。

第四，增强安全意识。人多的地方固然热闹繁华，但风险也同样存在，因此，我们要时刻保持安全意识。作为未成年人的我们，危险发生时更容易受到伤害，因此，去人员密集的场所更要注意自身安全。

 装进锦囊的智慧

1. 危险往往在人们警惕性低的时候发生。

2. 人多的地方不一定有人见义勇为。在危险发生的时候，能够对你实施救助的第一人永远是你自己。

3. 危险发生时，未成年人更容易受到伤害。

10 有大人来求助，帮还是不帮呢？

安全思维 10：未成年人不要轻易帮助成年人

　　15 岁少年小王智斗绑匪成功脱险的事件引起热议。不少市民夸奖小王机智勇敢，可小王家人却不这么看，他一回家就被父母数落，说他太轻信陌生人了。

　　小王是一名初三毕业生。提及绑架事件，小王说得有些淡定："对方说要去我家旁边的一个乡村，他却没说具体目的地。要我带路时，也没要求我经过哪里，可路过案发现场却让我下车陪同他进去。"虽然他当时有些许疑问，但没问出口，这给犯罪分子创造了机会。

　　小王被绑匪绑住手脚后扔在配电房里，之后绑匪离开。"我当时想了电视上绑架案的自救方式，先故意制造一些声响，但对方没有反应。"小王这才确定绑匪已经离开，于是想办法解开了绑住自己的绳子，他怕声响太大，又脱下拖鞋。根据之前被挟持上来时观察过的地形，他很快从三楼来到二楼，发现没人跟着，又开始一路狂奔到保安室并报警。

小王妈妈陈女士说，假如在一个熟悉且安全的环境里，可以教育孩子乐于助人，但单独外出时，保护自己才是最重要的。帮助别人要以能做出更准确的判断和有更好的自我保护能力为前提。虽然小王成功逃脱，但是父母还是狠狠地教训了他一番。

在日常生活中，我们常常会遇到一些情景，如成年人向未成年人寻求帮助。尽管社会倡导帮助他人是一种传统美德，然而在某些情况下，成年人可能会滥用未成年人的善良和幼稚来达到自身目的。这不仅会损害我们的利益，还会对我们的成长产生负面影响。例如，有些不良分子可能会利用我们从事非法活动，如贩毒、盗窃等。在这种情况下，未成年人应该懂得保护自己，不要轻易帮助成年人，以免落入不法分子手中。

之所以未成年人不能轻易帮助成年人，有以下理由。

第一，从身体与心理条件来看，与成年人相比，青少年的体力较弱，抗压能力也较差。如果未成年人在超出自己能力范围的情况下帮助成年人，可能会对自己的身体和心理造成伤害。如有些成年人可能会要求未成年人参与重体力活动或有风险的活动，这些活动通常需要较强的体能和较为成熟的心理。如果未成年人没有及时拒绝或不敢拒绝，可能会因为超负荷运动而导致身心受损。因此，我们应明智地判断帮助的范围，不要轻易超越自己的能力去参与某些活动。

第二，未成年人的社会经验不足。青少年往往缺乏丰富的社会经验和应对各种情况的能力。如果成年人的求助涉及复杂的社会问题，如金钱纠纷或法律纠纷等，我们不仅无法帮助作出正确的判断，而且可能会被欺骗或陷入困境。例如，一些成年人会向我们借手机或让我们帮忙扫码，由于缺乏经验，我们可能无法识别其中的风险，导致个人信息被骗取而造成财物损失。因此，我们应明确辨别成年人的帮助请求是否超出自己的社会经验范围，并勇敢地拒绝不适当的请求。

第三，在《中华人民共和国未成年人保护法》第四章"社会保护"中有相关法条对未成年人保护作出规定。该法第五十四条第一款规定："禁止拐卖、绑架、虐待、非法收养未成年人，禁止对未成年人实施性侵害、性骚扰。"这一法条的存在就说明了成年人可能会给未成年人造成的危害。因此，未成年人要学会保护自己的权益，在无法判断成年人的请求是否具有一定的风险性时，要坚定、礼貌地说"不"，并请他向成年人求助。

"拒绝"是保护我们自身安全的重要武器，"拒绝什么"考验的是我们的辨识能力，"善于拒绝"考验的是我们的智慧。凡是对我们身心发展不利的、可能有风险和隐患的、违法违规的、不适宜我们未成年人的，都在我们拒绝的范围之内。成年人向我们求助可能是真的有困难，也可能怀有歹意。在无法分辨的时候，我们要坚决拒绝，同时也要有礼貌，可以给求助者提供解决问题的路径和方法。如果对方对你提供的路径和方法不予理睬，还对你纠缠不休，那么这个时候我们就要提高警惕，并尽快告知家长、老师，或者在保证安全的前提下报警。

 装进锦囊的智慧

1. 未成年人不要轻易帮助成年人，这样才能避免落入不法分子手中。

2. 我们应明确辨别成年人的求助是否超出自己的社会经验范围，并对不适当的请求勇敢地拒绝。

3. 做到"四个拒绝"。凡是对我们身心发展不利的、可能有风险和隐患的、违法违规的、不适宜未成年人的，都在我们拒绝的范围之内。

第二章

藏在你身边的
10 种安全隐患

1 当有人跟你搭讪时该如何拒绝？

危险信号1：过于热情的关心

巧言令色，鲜矣仁。

——孔子《论语·学而》

　　生活中，我们会遇到一些过分热情的人。他们笑容满面、热情洋溢，虽然与其交往的时间并不长，但对我们的关心和照顾无微不至，让我们难以拒绝。这种人一种可能是真正热情，但没有考虑我们的感受，比如，当我们在小区遇到打过几次照面的阿姨时，她把购物袋里的水果硬往我们手里塞，不接都不行；另一种可能是在热情的关心背后隐藏其他动机和目的，所以我们要学会识别真正热情的关心和虚情假意的关心，尤其对那种巧言令色，对人过于热情、过度关心的人，我们要高度注意，甚至要提高警惕。

　　那么，"过于热情的关心"都有哪些具体表现呢？

第一次见面，从里到外给予你过分的赞美，一会儿夸你帅气，一会儿夸你有气质，交谈时好似无意间打听你的个人信息，热情地和你交换手机号码、加你微信好友。

聚会的时候，主动与你搭话，询问你的近况，当你提到一些问题和困难时，拍胸脯承诺帮助你解决，甚至会为你提供物质上的帮助。

当你在大街上向陌生人问路的时候，陌生人详细地告诉你要去的位置，并一再说路途较远、交通不便，同时热情地邀请你坐他的车前往。

刚刚加的 QQ 好友，看头像就是大帅哥，非常热情地进行了自我介绍，原来是某知名大学的研究生，对初三的你关怀备至，让你感觉像是遇到了知己。很"嗨"地聊了几天后，邀请你去一家网红酒吧见面，还说送你一件精美的礼物。

过于热情的关心，表现形式很多。对于尚未走上社会的我们来说，不太容易分清对方的真与假及这种热情是否具有风险性，但是每个人都有一定的危险感知能力，如果你有以下感觉，请尽快远离这些过分热情的人。

一是初次见面就对你过分夸赞并乘机打听你个人信息的人。这种人既让你心花怒放，又让你心存疑惑，内心总是在问自己：为什么他这么关心我，他为什么对我的个人信息这么感兴趣呢？

二是当你遇到难处，拍胸脯向你打包票的人。遇到这种情况时，你可能会问自己：我们相识不久，他为什么如此帮我呢？难道是要用包票来掩盖什么目的吗？

三是在与你交流过程中，除了信誓旦旦，还堆砌一些事件细节，你会不自觉地反问自己：他怎么什么事都知道呢，难道是真的？

对我们过分热情的人未必都怀有歹意，但是如果对方怀有某些不良动机或企图，而我们又被对方的花言巧语所迷惑，那么就有可能对我们的安全构成威胁。面对这些过于热情的关心，我们怎么才能透过醉人的语言、迷人的微笑保护好自身的安全呢？

首先，无论什么人，当对方给予我们的夸赞远远大于我们自身的实际情况时，我们一定要保持对自己的客观认识，不能因为对方的夸赞而扬扬得意，从而放松安全意识，甚至听从对方的安排，落入对方设好的圈套。

其次，不轻信对方轻许的承诺。所谓承诺，是一种强烈的承担责任的意愿和行动，也是一定要兑现的结果，类似誓言。我们可以设想一下，对方为什么要承诺？对方承诺的事情能够实现吗？承诺对我们有利，对于对方有什么益处呢？不要相信没有依据的、轻易作出的、只对我们自己有利的承诺。

最后，如果对方给予我们的夸赞、关心没有得到我们的回应、认可，对方想让我们配合的事情我们没有配合，这时候对方的关心、热情变为失望、恼火，甚至强迫我们做某事，我们一定要高度戒备，千万不要迫于对方的压力，屈服于对方的要求，而是要表明立场，坚持底线，当感到人身安全受到威胁时，要迅速逃离现场或者报警。

　　对别人热情的人未必是坏人，过度的关心未必有歹意。对于未成年人来说，并不是说不能相信别人，而是要具备必要的自我保护意识。自我保护的意识就像无形的防弹衣，无论何时，都在那里，随时准备着保护我们的安全。

 装进锦囊的智慧

　　1. 多问自己一个为什么。对方过于热情的关心后面，是不是有其他隐藏的动机和目的?

　　2. 堆砌细节是为了证明自己。当对方说出很多你生活中的细节时，目的是让你相信他和你关系很近。

　　3. 高度戒备，保护自己。当对方的关心、热情变为失望、恼火，甚至强迫我们做某事时，我们一定要高度戒备，保护好自身安全，并做好寻求社会和他人帮助的准备。

2 玩水时最大的安全隐患是什么？

危险信号 2：玩水时忽视溺水的危险

2013 年 5 月的一天，某中学 8 名同学相约到江边烧烤，大家吃饱喝足后已经接近晚上 11 点。随后，两人继续烧烤，其余 6 人到岸边玩水，其中 4 人脱掉衣服下到了江里离岸较近的地方戏水。大约玩了十来分钟，其中一人身体开始下沉，并挥手喊救命。另外 3 人手拉手想

水深危险
禁止游泳

去救他，结果几人接连沉入江中。正在烧烤的一人听到呼救，也跑到江边施救，结果也掉入江中。一名同学溺水，4 名同学相救，导致 5 人相继溺水失踪。

每当暑期，青少年溺水事故就进入高发季。每年的 7 月 25 日是世界防溺水日。世界卫生组织的《全球溺水报告》显示，全球每小时有 40 多人溺水死亡，每年共有约 37.2 万人溺水死亡，半数以上溺水死亡者不足 25 岁。在我国，每年约有 5.9 万人死于溺水，其中未成年人占比 95% 以上，儿童因身心发育不全、对潜在危险认识不足，较易成为溺水事故的受害者。

人民网舆情数据中心发布的《2022 中国青少年防溺水大数据报告》显示，因溺水造成的伤亡居我国 0 ～ 17 岁年龄段首位，1 ～ 14 岁溺水事故比率超 40%。

青少年已成为溺水的高危人群，他们往往因为水性不佳和对危险及后果的判断力不足，从而成为溺水事件的受害者。

因此，学习防溺水的知识和技能至关重要。

出现溺水反应是怎样的呢？

不会游泳的人落水后只会扑腾几下，两三分钟后就会出现溺水反应，这时手臂忙着划水，根本不可能伸出水面。鼻子和嘴巴时浮时沉，想呼救也很难发出声音。溺水后不超过 5 分钟就会失去意识，不到 10 分钟就会死亡！捡回一条命的人中六成以上有严重的脑损伤。所以，溺水急救，时间就是生命！

溺水后如何自救

1. 必须保持冷静，要相信人即使不会游泳也可以在水中漂浮，因为水有浮力，落水后人体会随着水的浮力起伏。

2. 要保持体力，不要在水中胡乱扑腾，顺着水的起伏，脚用力向下蹬，手向下划水，当头露出水面时尽量呼吸空气。

3. 如果附近有人，可以大声呼救。

4. 当救援人员展开营救时，一定要冷静，按照救援人员的要求去做。当救援人员靠近时，千万不要一把抱住救援人员。

5. 在四周无人的情况下，需要展开自救。首先看好方向，深吸一口气后憋住，手和脚同时划水（不会游泳的人憋气后也可以短暂漂浮在水面）。当气用尽后，也不要紧张，待露头时继续做之前的动作直至漂到岸边。

6. 有浮力的塑料瓶、木板等都是溺水者生命救援神器。溺水者将其压在脖子处，可以尽可能多地正常呼吸。

7. 在游泳中，若小腿或脚部抽筋，千万不要惊慌，可用力蹬腿，或用力按摩、拉扯抽筋部位，同时向同伴呼救求助。

发生溺水后如何进行急救？

1. 如果我们发现有人溺水，千万不能贸然救助，防止在救助他人时自己溺水身亡。应大声呼救，请周围的成年人救助溺水者，现场可用投木板、救生圈、长竿、绳子、塑料袋、书包等让落水者攀扶，增加救援时间。

2. 应迅速清除溺水者口腔、鼻腔内的脏物，使其保持呼吸畅通，以便实施心肺复苏，即在清除口腔异物后，先进行人工呼吸，再做胸外按压急救。

3. 如果出现以下情况，禁止胸外按压，需拨打 120 等待救援：胸廓畸形或心包填塞、胸壁开放性损伤、肋骨骨折。

最后谈谈如何预防溺水。首先，建议游泳前接受专业的游泳培训，掌握基本的游泳技能。游泳教练的培训指导可以使我们对水环境有更深入的了解，提高我们的自救能力。其次，游泳时应遵守游泳场所的规定，未成年人应避免在无人监护的情况下游泳。此外，应优先选择带有救生设施的公共游泳场所，确保在发生意外时有及时的救援措施。

溺水关乎我们的个人生命安全，珍爱生命，请从预防溺水开始。

 装进锦囊的智慧

1. 尽量与家长或者同伴一起去游泳，以便互相照顾，遇到危险可以及时求助。

2. 不到无安全设施、无救援人员的水域游泳。

3 朋友圈安全吗？

危险信号 3：个人信息泄露

2021 年 2 月至 4 月，被告人连某某通过 Telegram 聊天软件，以向他人购买、共享等手段非法获取包括学生学籍信息、个人简历信息、银行开户信息、贷款信息等各类公民个人信息共计 200 余万条，并出售其中公民个人信息 3 万余条，非法获利 1 万余元。海盐县人民法院经审理，以侵犯公民个人信息罪判处被告人连某某有期徒刑 3 年 3 个月，并处相应罚金。

随着大数据时代的到来，侵犯公民个人信息的违法行为持续增多，个人信息泄露已经成为一个严重的社会问题。中国互联网协会发布的《中国网民权益保护调查报告》显示，七成左右的网民个人身份信息和个人网上活动信息均遭到泄露。作为青少年，由于我们的社会阅历还不丰富，自我保护意识还有待提升，再加上有些家长喜欢在网上晒娃，所以我们的个人信息更容易泄露。

　　个人信息，尤其是敏感的个人信息包括哪些呢？根据《中华人民共和国个人信息保护法》，敏感个人信息是指一旦泄露或者非法使用，容易导致自然人的人格尊严受到侵害或者人身、财产安全受到危害的个人信息，包括生物识别、宗教信仰、特定身份、医疗健康、金融账户、行踪轨迹等信息，以及不满十四周岁未成年人的个人信息。

　　我们的个人信息，尤其是敏感个人信息泄露的情况时有发生。某位家长在上班的时候忽然接到自称其孩子学校教导主任的电话，说孩子上体育课时突然倒地，已经送往医院，让家长速汇一万元住院费押金。家长在得到这个消息后，及时与孩

子所在学校取得联系，得知孩子正在班级中正常上课。家长的理智行为避免了经济上的损失，但是自称"教导主任"的人显然掌握了家长及其孩子的姓名、学校、电话等敏感个人信息，家长及孩子的敏感个人信息已经泄露了。

个人信息是怎么泄露的呢？我们不经意间在微信朋友圈发布照片时，如果使用的是原图，那么拍摄的时间、地点就可能被别人获悉；我们网络购物、点外卖时，也会暴露我们的家庭住址、手机号；我们收到快递后，快递单上的个人信息未加处理便扔掉，也会导致个人信息泄露；在注册网络聊天、网络游戏 App 时，会被要求填写个人信息，这样就会有信息泄露的风险。个别接触公民信息的工作人员为了谋取个人利益，违反职业道德和保密义务，将公民个人信息资料出售给他人，对公民的人身、财产安全及正常工作和生活都会造成严重影响。

如何保护好我们的个人信息呢？第一，我们要提高信息时代保护个人信息安全的意识，在微信朋友圈、QQ 空间、游戏网站等网络空间，不要随意公开个人信息，慎用手机 App 的签到功能；对于自己的电子信箱、银行卡号等，要加密并尽量设置较复杂的密码。第二，网上留电话号码时，建议数字间用"-"隔开避免被搜索到；在处理快递单时涂抹掉个人信息再丢弃；一旦使用公用网络，下线时要先清理使用痕迹；在公共场所不要随便使用免费 Wi-Fi。第三，一定要保管好身份证，如果丢失要尽快挂失并到公安机关补办。同时，一定要提醒我们的父母，不要随意在网上晒娃。

个人信息泄露有严重的安全隐患。我们一定要在平时的学习、生活中增强信息安全意识，养成信息安全习惯，这才是我们保护个人安全，也是为网络安全做贡献的正确姿势。

 装进锦囊的智慧

1. 在微信朋友圈等网络平台发布照片时不要发原图。

2. 在微信朋友圈、QQ 空间、游戏网站等网络平台，不要随意发布个人信息，慎用手机 App 的签到功能。

3. 提醒我们的父母，不要随意在网上晒娃。

自护小科普

网络不良与垃圾信息举报电话：12321

为什么交通事故、溺水等意外会频频发生呢?

危险信号4：对安全提醒熟视无睹

　　珍珠岩是一种建筑材料，其本身重量很轻且体积小，但是吸水性极强，一旦吸收了水分，能够胀大到自身重量的几倍甚至十几倍。2023年7月23日，齐齐哈尔市某中学体育馆发生了屋顶坍塌。经现场调查，与体育馆毗邻的教学综合楼施工过程中，施工单位违规将珍珠岩堆置在体育馆屋顶。受降雨影响，珍珠岩浸水增重，导致屋顶荷载增大引发坍塌。有关媒体报道称：珍珠岩违规堆置疑似超8个月。

　　熟视无睹，是指经常做一件事、看到一个人，或者经常处在一种环境中，就会如同没看到、没感受到一样，当熟悉的人或事突然发生变化的时候，才感受到平时的疏忽大意、习以为常、心存侥幸是酿成大祸的原因。体育馆屋顶的珍珠岩并不是存放了一天两天，但是人们除了对珍珠岩的性质可能缺乏了解外，最可能的就是认为暂时放一放不会发生安全事件，都已经放置几个月了不是也很安全嘛。这种对安全隐患的熟视无睹是悲剧发生的重要原因。

熟视无睹的现象在我们的生活中并不少见，比如，我们总是看到有人过马路时闯红灯，不走人行横道，见多了，我们也不遵守交通规则了；放学后我们看到有的同学聚在一起吸烟，既不劝阻也没有告诉老师，心想这不关我的事，扭头走过；父母每天早上为我们做好早餐，然后送我们上学，但是我们对父母的关心照顾似乎感受不到，反倒认为理所应当；家中的接线板上总是插满各种电源插头，早晨离家之前电器也不断电，险些酿成家庭火灾……

每个人的精力是有限的，我们不可能对每件事都予以高度关注，但是当一件事隐藏安全、健康、失败的风险时，我们就要高度重视，做好防范准备，尽可能地消除安全隐患。那么，哪些事情不能熟视无睹呢？

第一，涉及社会公共安全的事不能熟视无睹。比如，大街上或者校园中的井盖不见了，如果我们发现了，要及时向有关部门报告，避免人或者车辆陷入其中；下雨天如果发现电线被刮断，或者广告牌摇摇欲坠，自己或者让家长尽快通知城市管理部门，这体现的是每一个公民的社会责任。

第二，对有损社会公德和公共利益的事不能熟视无睹。比如，公园里有人在建筑物上乱写乱画，班级中有同学给其他同学起外号，欺负其他同学。遇到这些情况，如果在我们的能力范围内，我们就去制止，如果超出我们的能力范围并具有一定的风险性，我们就要及时报告老师、家长或报警，这同样可以体现出我们的责任感、正义感。

第三，对自身的身心健康和成长中存在的隐患及问题不能熟视无睹。比如，每天玩游戏，睡觉很晚，上课时迷迷糊糊，长期放任自己，家长和老师的劝告全然听不进去，结果导致成绩下滑、视力下降，与家长的关系紧张；吃饭时挑食，家长做的饭菜爱吃的就暴饮暴食，不爱吃的就只吃几口，或者直接点外卖，结果导致身体发胖、体质下降。每个人都是自己健康和成长的第一责任人，平时如果不对自己负责，不对自己不健康、不文明的行为方式加以管理，就会在成长的道路上埋下安全与健康的隐患，导致大家都不愿意看到的后果。

熟视无睹体现的是一个人的麻痹大意、侥幸心理，缺乏的是对未来事物发展的风险管控能力和立足长远的思维方式。青少年对于自己未来的成长要有一定的规划，对于自己成长中的优点要不断发扬，对缺点、不足要及时改进，对可能出现的隐患要及时排除，不放过每一个风险点，不触碰每一个危险点，只有如此，自身的成长才有可能顺利、持续。

装进锦囊的智慧

1. 平时的疏忽大意、习以为常、心存侥幸是酿成大祸的原因。

2. 对自己不健康、不文明的行为方式不加以管理，就会在成长的道路上埋下安全与健康的隐患，导致大家都不愿意看到的后果。

3. 不放过每一个风险点，不触碰每一个危险点，只有如此，自身的成长才有可能顺利、持续。

自护小科普

城市管理热线：12319

5 为什么有时候勇于尝试并不值得被肯定？

危险信号 5：不分是非，要一探究竟

小时偷针，大了偷金；害儿子，死娘亲。

——民间谚语

我们都知道一个原理，任何质变都是由量变引起的，任何事物的质变都不是无缘无故发生的，都是量变积累的结果。《道德经》中讲"一生二，二生三，三生万物"。"一"是事物的起点，作为青少年，对新鲜和未知的事物常常充满好奇心，愿意"一探究竟"，殊不知每一个新鲜的起点往往都充满不确定性，"第一次"并不都是安全的，需要我们管理好自己的"第一次"，让自己的起点正确、安全。

每一个起点都有不同的方向，每个"第一次"都具有不确定性。如何保证自己的"第一次"安全、健康，一是要对所遇见的新事物有科学、全面的了解，用自己所学知识与经验进行初步判断，确定是否采取下一步行动；二是要多方听取不同

的意见，吸取"经历者"的经验教训，不再"踩坑"；三是要做好充分的准备，有备无患才能防患于未然，才能尽可能地确保"第一次"安全、健康。

比如，我们第一次去高原旅游，需要做哪些准备呢？首先，我们要查一下高原旅游攻略，对旅游地的情况有全面的了解；其次，我们可以和去过高原旅游的朋友进行交流，掌握第一手旅游经验；最后，准备好所需的装备等，尤其是对高原反应要有应对措施。

比如，我们第一次参加社会机构举办的夏令营，就要对夏令营举办机构的资质、师资、营地位置、食宿条件、课程安排、当地气候等进行全面了解，准备好随身携带的衣物、生活用品等，还要通过网络搜索，了解该夏令营的口碑。同时，把了解的情况告诉家长，征求家长的意见。

以上的"第一次"，都可以通过一定的方式提前对新事物进行充分了解，还可以通过与他人的交流获得间接经验。但是对于有些新事物，我们周围的人未必经历过，而我们对该事物的认识也不全面、深入，家长也一知半解或者讳莫如深，这个时候我们就要对自己的"第一次"提高警惕，尽可能避免陷阱，以免对自己造成伤害。

比如，第一次吸电子烟。中小学生本不应该吸烟，但如果禁不住同伴的劝说，认为电子烟不会上瘾，或者因为好奇而加以尝试。实际上，电子烟也含有有害物质，甚至有些不法之徒在电子烟中加入了合成大麻素，一旦成瘾，会欲罢不能，走上吸毒的道路。

比如，第一次偷拿别人钱物。当由第一次的紧张不安转变为偷拿到别人钱物后的惊喜时，再一次偷拿别人钱物的可能性就越来越大。很多少年盗窃犯就是从偷拿别人的文具、书本等低价值物品开始的，逐渐胆子越来越大，直至去盗窃手机、汽车，最后进入未成年犯管教所，在自己最美好的青春时代留下了人生的污点。

比如，第一次与异性同学发生亲密行为。这种本该在成年时期发生的事情如果发生在未成年时期，会对我们的心理及生活状态产生极大的影响。亲密行为发生后，一是影响双方正常的学习；二是一旦女生怀孕，就要去做流产手术，而流产手术的痛苦和对女生一生的影响是长期的；三是一旦诞下婴儿，作为青少年的我们及我们的家庭如何才能承受这份负担呢？

　　所以，当我们面临"第一次"的时候，一定要认真判断其风险，必要时可以征求老师、家长的意见。对于有益于我们身心健康的、积极正能量的、风险可控的新事物，在准备充分的情况下可以积极尝试，能够增加人生阅历，培养探索精神；而对于了解不清的、后果不明的、风险未知的、充满诱惑的新鲜事物，我们要全面判断其风险性、可行性，谨慎作出自己的"第一次"，不要拿自己的安全、健康和未来作抵押和尝试。

装进锦囊的智慧

1. 管理好自己的"第一次"。青少年的每个"第一次"并不都是安全的，需要我们管理好自己的"第一次"。

2. 多角度判断风险。当我们面临"第一次"的时候，一定要多角度认真地判断其风险性，必要时可以征求老师、家长的意见。

3. 面对自己的"第一次"，不要拿自己的安全、健康和未来做抵押和尝试。

每天只想玩游戏怎么办？

危险信号 6：玩游戏总是停不下来

《2021 年全国未成年人互联网使用情况研究报告》指出，2021 年我国未成年网民规模达 1.91 亿，未成年人互联网普及率达 96.8%。未成年网民中，经常在网上玩游戏的比例为 62.3%。2021 年 8 月，北京青少年法律援助与研究中心发布《未成年人沉迷手机网络游戏现象调研报告》谈到，在深度访谈的 103 位家长中，反映约有 65% 的孩子每天打游戏超过 10 小时，其中 8% 的孩子超过 15 小时。据安徽江妈妈反映，她的儿子今年刚刚 16 岁，"现在要连续玩游戏 30 多个小时，最长连续 38 小时，睡觉都得强迫他……"

什么是游戏？游戏是以直接获得快感为主要目的，且必须有主体参与互动的活动。游戏创造快乐，不论成年人还是青少年，都喜欢玩游戏。今天我们谈论的游戏是指互联网游戏，而手机是玩游戏的主要工具。北京市青少年法律与心理咨询服务中心在新型冠状病毒肺炎疫情防控期间曾做过一个调查，结果显示，手机对学生的日常生活影响明显，约三分之一的学生全天基本离不开手机，春节期间某款游戏日活跃用户数量在1.2亿～1.5亿，创下了历史最高纪录。网络游戏已成为当代青少年生活中必不可少的活动，即使是"氪金"，即使是"肝游戏"，我们中的一些伙伴也欲罢不能。

任何事物都具有两面性，网络游戏同样是一把双刃剑。适度使用，能够开阔我们的眼界，促进同学之间的交流，让疲惫的身心得到放松，一些激烈的竞技游戏还能够宣泄情绪，培养我们的观察力、判断力，有益身心健康。一旦过度使用，甚

至停不下来，就会对我们的身心造成巨大的影响。

《未成年人沉迷手机网络游戏现象调研报告》谈到，网络游戏对未成年人的负面影响包括：打乱未成年人的作息和饮食，导致未成年人情绪暴躁易怒，严重影响未成年人正常学业，影响未成年人现实交往能力，导致未成年人精神萎靡颓废，严重损害未成年人身体和心理健康，可能引发未成年人"报复社会"的风险，导致亲子关系紧张等。作为青少年，我们也是网络游戏大军中的一员，对以上的结论会产生共鸣吗？

没有青少年不渴望进步，也没有青少年愿意成为网络游戏的俘虏。但是一旦玩游戏上瘾，真的很难停下来，即使家长的惩罚、老师的批评都不能让我们罢手，就像一位家长所言：游戏让你兴奋，让你有成就感，让你心甘情愿熬夜不睡，让你沉迷其中不能自拔，甚至自甘堕落。目前，还没有任何一种心理咨询技术，也没有任何一种药物，对网络游戏成瘾具有绝对的效果。网络游戏成瘾问题的最终解决还是要靠我们的觉醒、决心和觉悟。

如果我们是一名网络游戏成瘾者，真的想摆脱网瘾，但又无能为力，那么请将下面这些话写在一张纸条上，贴在自己的床头或者书桌前，每天早晨醒来后默念一遍，坚持 30 天，看看是否有效果。

1. 游戏，为了你，我已经失去很多了，我甘愿受家长的指责、老师的批评，在学校和家里，我的头都抬不起来，从今天开始，我不想过这种生活了。

2. 游戏，我把大把的时间给了你，你却让我眼绿了、腰弯了，和家长闹翻了，我觉得有点不值，我要慢慢疏远你了，我每天减少5分钟和你在一起的时间，希望你能配合我。

3. 游戏，为了不太绝情，我和你约定每周的周五、周六、周日20时至21时和你见面，但我不会买你的装备了，因为买装备的钱是父母的，不是我的，他们挣钱也不容易。

4. 游戏，我要做你的主人，我不能再依赖你，因为你给我的意义转瞬即逝，我的路还很长。在我生长的路上，你帮不上我什么忙。

5. 以上是我的真心感受和承诺，我是一个信守承诺的人，我会遵守自己的诺言。

以上承诺自 　年　月　日起生效。

30 天签到表

日期	记录	日期	记录	日期	记录

 装进锦囊的智慧

1. 网络游戏是一把双刃剑。适度使用，有益身心；过度使用，就会对我们的身心造成巨大的负面影响。

2. 没有任何一种心理咨询技术，也没有任何一种药物，对网络游戏成瘾具有绝对的效果。网络游戏成瘾问题的最终解决还是靠我们的觉醒、决心和觉悟。

离开父母就可以解决所有的烦恼吗?

危险信号 7:"我想离家出走"

有两名小学生因为不愿意写作业,与家长发生了争执,结果他们带着不多的零花钱,乘坐公共汽车,穿越四个省份,行程历时六天。警方及时介入,对这两名小学生进行了批评教育。两名小学生也表示今后不会再做类似的事情。

很多同学在与家长发生矛盾的时候,都会产生一种冲动的想法,那就是离家出走。但是,离家出走不仅不能解决与父母的矛盾冲突,还可能在离家出走的过程中发生各种危险。2009 年,我国台湾地区一名十四岁女生在与父亲吵了一架后,愤然离家出走,结果一去半年杳无音信,最后被发现时已成一堆白骨。

没有人愿意离家出走,青少年离家出走的原因有很多。从家庭来说,家庭中缺乏温暖与和谐的氛围,总是受到父母的训斥、指责，甚至是家庭暴力，在家庭中感到恐惧、不安，对家庭失去依恋和安全感；从我们个人来说，平时缺乏与家长的交流，迷恋网络游戏，学习上遇到挫折，心理压力大等，都可能让我们想逃离现实，摆脱家庭。然而，一旦离家出走，我们是否想过离家的日子怎么度过呢？

一旦离开了家庭，也就失去了正常的经济来源和稳定的生活保障。在这种情况下，一般我们会选择去同学家留宿，还有的会去游戏厅、火车站甚至流落街头。在这个过程中，如果有人向我们提供饮食、住宿，我们就会感激不尽，结果是听从对方的安排，到对方提供的地方留宿。俗话说，天上不会掉馅饼。除非我们遇到警察或者社会救助机构的人员，其他的陌生

人为什么帮助我们？需要我们好好想一想对方的真实意图。一旦落入歹人之手，后果不堪设想。

离家出走是我们应对家庭矛盾和生活压力最不可取的办法，是一种具有风险性的逃避行为，这种逃避是无法改变现实生活的。《中华人民共和国预防未成年人犯罪法》已经将"夜不归宿"列为未成年人的不良行为。那么，如何应对家庭中的矛盾、生活中的压力，变被动的离家出走为主动改善家庭关系、努力提升心理抗压能力的积极行为呢？

第一，我们要不断完善和提升自己，努力改掉自身的缺点和不足。比如，我们可以减少玩手机游戏的时间，每天帮父母适当地做些家务劳动，当我们在家长面前展现出积极向上的学习和生活态度，能够为家长分担家庭负担，家长自然就会改变对待我们的态度。要相信每一位家长心中最柔软的空间都是留给孩子的，尽管有些家长为了维护自己的尊严表现出的是刚强和不容置疑。

第二，我们要寻找到与父母交流的最优方式，"以柔克刚"是最佳的交流沟通方式。有些家长工作压力大，在单位没有情绪宣泄的渠道，回到家中可能会不自觉地把我们当成出气筒。如果遇到这种情况，我们千万不要以其人之道还治其人之身，这样会更加激化矛盾，增加自己离家出走的风险。这个时候，我们要尽量体谅家长工作的艰辛，同时以平和、理性的态度和家长进行交流，也许家长在发完火后会向你表示歉意，而这个时候正是你和家长充分沟通的良机。

第三，如果在家中真的经常遭遇家庭暴力，要用法律武器保护我们的合法权益，必要的时候可以向公安、民政等部门求助。记住，不要让家庭暴力成为我们离家出走的原因，谁也没有理由让我们被迫离家出走。

总之，离家出走不应该成为我们应对家庭关系和生活、学习压力的选择，因为一时的冲动可能会让我们面临各种危险。我们正年轻，所有的困难都是暂时的，没有什么能够击垮我们火热的青春。

 装进锦囊的智慧

1. 没有人愿意离家出走，回家的路就在你的脚下。

2. 离家出走是我们应对家庭矛盾和生活压力最不可取的办法，一时的冲动可能会让我们面临各种危险。

3. "以柔克刚"是我们与暴怒的家长最佳的沟通交流方式。

邪教邪在哪儿？

危险信号 8：接触邪教

2014年5月28日，在招远市麦当劳快餐店内发生了一起故意杀人案。案件发生后，招远市公安局4分钟内赶到现场，当场将6名犯罪嫌疑人全部抓获。该案6名犯罪嫌疑人有3名为青少年。18岁的主犯张某，使用拖把、椅子等殴打被害人，并对前来制止的顾客进行恐吓。参与这次故意杀人案的还有年仅13岁的少年张某，他们成为全能神"当砍之杀之"的忠诚履行者。

所谓邪教，是指冒用宗教、气功或者以其他名义建立，神化、鼓吹首要分子，利用制造、散布迷信邪说等手段蛊惑、蒙骗他人，发展、控制成员，危害社会的非法组织。

邪教具有巨大的社会危害性。邪教组织煽动成员抛弃家庭，外出传播邪教，给家人造成了巨大痛苦，导致家破人亡；有的邪教成立所谓的"天国银行"，哄骗群众交出财产，坑害大众；一些人加入邪教后精神错乱，有的甚至行凶杀人；邪教利用未成年人识别能力较低的弱点，极力在未成年人中发展成员，给青少年的身心健康和成长造成难以挽回的损害。

邪教如此凶残，为什么还能吸引很多群众，包括青少年参与其中呢？

我们知道，魔鬼是不会把凶恶的面目呈现在人们眼前的，越是凶残的魔鬼越具有迷惑人的表象。邪教能够吸引某些人，所用的招数一是鼓吹具有超凡能力，打着宗教或气功的幌子蒙骗人，甚至在你面前展示所谓的"法术"，让很多缺乏辨识能力的人为之臣服；二是假借无微不至的"关怀"，用小恩小惠收买人心，让身处困境、压力、迷茫中的你获得认同感、安全

感，进而对你实施情感控制；三是通过仪式感让你觉得庄严、神圣，仿佛找到了生命的意义，同时以心理暗示等手段对信徒进行"洗脑"，使信徒完全按照邪教头目的说教去想、去做，并甘愿为之献身。

邪教反社会、反人类，毒害青少年的成长，是严重的犯罪行为。根据《中华人民共和国刑法》第三百条规定，组织、利用会道门、邪教组织或者利用迷信破坏国家法律、行政法规实施的，处三年以上七年以下有期徒刑，并处罚金；情节特别严重的，处七年以上有期徒刑或者无期徒刑，并处罚金或者没收财产。

作为新时代青少年的我们，怎么才能拒绝邪教，与邪教做坚决的斗争呢？

首先，我们要树立科学的世界观，绝不能被神秘的说教、神奇的"法术"所吸引。世界上没有超人的力量，也没有万能的"神"，这是当代青少年必须具备的基本素养。

其次，对于不请自来的关心要保持一定的安全自护意识，要意识到迷人的微笑背后可能隐藏其他目的，不要被迷人的微笑、信誓旦旦的承诺、慷慨的馈赠所吸引。一旦加入了邪教组织，想要脱身绝不会那么容易。

最后，如果发现有人在社会上或校园中散发邪教宣传品，要立即制止，并第一时间报警。同时，不使用印有邪教宣传内容的污损人民币，一旦收到，要尽快到银行兑换，阻止其流向社会。不浏览邪教组织的网站、网页。如果发现邪教宣传内容，要自觉做到不听、不看、不信、不传。

邪教是全世界的公敌。拒绝邪教，就是拒绝罪恶和伤害，这是当代青少年应尽的社会责任。

 装进锦囊的智慧

1. 邪教和魔鬼没有区别，越是凶残的魔鬼越具有迷惑人的表象。

2. 对于不请自来的关心要保持一定的安全自护意识，要意识到迷人的微笑背后可能隐藏其他目的。

3. 拒绝邪教，就是拒绝罪恶和伤害，这是当代青少年应尽的社会责任。

警惕！这些都是邪教

据统计，国家有关部门于 20 世纪 80 年代至今，先后认定了 25 个邪教组织，包括"法轮功""全能神""呼喊派""常受教""能力主""门徒会""统一教""观音法门""血水圣灵""全范围教会""三班仆人派""灵仙真佛宗""中华大陆行政执事站""华藏宗门""银河联邦""日月气功""圆顿法门""灵灵教""华南教会""被立王""世界以利亚福音宣教总会""新约教会""达米宣教会""主神教""天父的儿女"等。

——摘自《中国反邪教网》

有人敲门，独自在家时要不要开门？

危险信号9：独自在家时的敲门声

　　寒假的一个下午，小学四年级女生丽丽正独自在家中写作业，这时，只听到"当当当"，有人敲门，丽丽透过防盗门，只见一位穿着外卖公司服装的年轻人站在门口。那人说自己在小区跑了半天，问能不能借用一下丽丽家中的卫生间，丽丽见那人说话很诚恳，面部表情比较焦急，心想自己应该帮助这个人才对。于是，丽丽就打开了门。

　　谁料想，防盗门刚一打开，那人便顺势挤进了屋，并嘭的一声把门关上并反锁了。还没等丽丽反应过来，那人就用绳子反绑住她的双手，用布蒙住了她的眼睛，又翻出了丽丽家的钱物，然后"满载"而去。

　　随着生活节奏的加快，大人忙于上班、外出，我们独自在家的时间越来越多。尤其是寒暑假期间，许多青少年大部分时间都是独自待在家里，有的不法分子便乘虚而入，利用各种欺骗手段实施犯罪。因此，强化独自在家时的安全意识，学会保护自己人身安全的策略、方法，对于我们尤为重要。

我们独自在家时听到敲门声，一般来说，有以下几种情况。

1. 父母或者自己网购的物品到了，快递员来送货。这种情况父母或者自己能够从手机 App 上看到物流信息，一般是比较安全的。

2. 父母点的外卖。这种情况父母会告诉我们外卖的信息，因此一般也不会有风险。

3. 物业人员来维修家中设备。这种情况父母会和物业提前预约，物业人员不会在父母不在家的时候来家中维修。因此，如果对方说自己是物业维修人员，我们一定要和父母进行电话核实，不要轻易让自称物业的人员进入家中。

4. 敲门人员说自己是你邻居的朋友，请你代收物品，或者说借用厕所，要杯水喝，推销某种产品等，这种情况要提高警惕，千万不要开门。

以上几种情况，不好辨别真假，我们可以按以下步骤操作。

先观察。听到敲门声，不要急着去开门，而是先通过门上的"猫眼"观察一下门外情况。

后询问。询问了解来人意图，假如是送快递的，就让他把快递放在门口，假如是收水电费的，就告知家人刚下楼，请他稍晚些时候再过来，总之坚决不开门。

要冷静。慌则乱，急则疲。我们要时刻谨记慌乱和着急都不利于解决问题，唯有保持冷静才能更好地应对眼前的情形。尤其是敲门人向你求助时，千万不能开门，可以让他去向物业或居委会求助。

做回应。问清楚来人意图后，不管对方是什么事情，都要隔着门大声告诉对方，可以说"我爸爸刚下楼去买菜了"，

也可以说"我爸爸正在洗澡"等，目的是明确告诉对方家里有大人，假如对方是坏人就会知难而退迅速离开。如果来人自称是你爸爸妈妈的同事或朋友，就算能叫出我们的名字，也不要给他开门，因为生活中所谓"熟人"作案的事情时有发生。我们要隔着门和他对话，要告诉他房门被家长反锁了，让他有事就和家长直接打电话联系。

随着科学技术的发展，很多居民小区都安装了监控，有些家庭在家门口安装了监控探头，这给不法分子作案增加了难度。因此，现在的不法分子作案手段更加严密，作案方法更具迷惑性、欺骗性。当我们面对不明身份的人士敲门时，一定要坚守安全底线，不管对方使用甜言蜜语还是威胁利诱，绝不开门。

如果对方反复纠缠，甚至要破门而入，要迅速联系小区保安，或者拨打电话 110 报警。总之，遇到类似情况时千万不能慌张，要提高警惕、镇定处理。

对于独自在家的青少年来说，除了面对陌生人敲门这种较难处理的情况，还会面对自己独自用电、用气、用火等问题，因此，在家长离开家的时候，我们一定要听从家长的安排，不要随便用火、用电器，确保自己在家中的安全，保持家中通信设备畅通，一旦发现问题，要及时和家长联系或者报警。

装进锦囊的智慧

1. 父母不在家的时候，无论什么人敲门都不要开门。

2. 如果敲门的人使用甜言蜜语夸奖你、讨好你，记住，这种人很危险，千万不要开门，及时和家长联系。

3. 家中的隐私不要轻易泄露。不要小看不法分子的智商，也许我们或者家长不经意间的语言、行为就暴露了家中的信息。

自护小科普

在有些国家，如果让未成年人处于无人看护的状态，那么监护人将面临被监禁的处罚。《中华人民共和国未成年人保护法》第二十一条明确规定，未成年人的父母或者其他监护人不得使未满八周岁或者由于身体、心理原因需要特别照顾的未成年人处于无人看护状态，或者将其交由无民事行为能力、限制民事行为能力、患有严重传染性疾病或者其他不适宜的人员临时照护。

10 为什么随身带着武器反而不安全？

危险信号 10：书包中的刀

　　某住宿职高学生郭某 17 岁，平时有收藏刀具的习惯。郭某听说学校周围经常有社会青年拦截同学，他为了防身，偷偷把一把刀放入了书包。某天傍晚，郭某在放学的路上被两名社会青年劫住并索要钱物，在争执中，郭某突然拿出刀捅向其中一名社会青年，造成对方因失血性休克而死亡，后郭某自动到公安机关报案。鉴于此案事出有因，且郭某属于未成年，认罪态度较好，法院以故意伤害罪判处郭某有期徒刑 12 年。

　　书包中携带管制刀具能够保护自己的安全吗？实际上，携带管制刀具不仅不能保护我们的安全，还会给我们带来极大风险。

　　从法律的角度讲，《中华人民共和国预防未成年人犯罪法》已将非法携带枪支、弹药或者弩、匕首等国家规定的管制器具列为未成年人的严重不良行为。《中华人民共和国治安管理处罚法》第三十二条第二款规定："非法携带枪支、弹药或者弩、匕首等国家规定的管制器具进入公共场所或者公共交通工具的，处五日以上十日以下拘留，可以并处五百元以下罚款。"因此，携带管制刀具进入学校本身就是违法行为，这种行为是要受到法律制裁的。

有的同学会说，我携带刀具是为了保护自己，如果别人不欺负我，我就不会使用刀具。其实，将刀具带在身边，本身就是巨大的安全隐患。因为我们一旦把刀具视为自身安全的保障，那么无论是校内还是校外，如果与他人发生冲突时情绪失控，就有可能使用携带的刀具刺向对方，由此产生的后果是无法预计的，轻者会受伤，重者会造成他人残疾或死亡，既害了别人，也害了自己和家人。

既然携带刀具有如此多的安全隐患，为什么有的同学还要随身携带呢？

随身携带刀具的同学一种可能是感觉受到了某种威胁，另一种可能是自己平时就缺乏安全感。

如果我们感觉受到了某种威胁，比如，可能会受到殴打、勒索，最好的保护自身安全的办法不是持刀反击，而是提前向家长、老师报告，或者报警，通过合法的方式保护自己的安全，这种力量远远大于我们使用刀具保护自己的力量，而且正义、合法。

如果我们平时缺乏安全感，总想把刀具作为保护我们安全的依靠怎么办呢？

安全感是决定心理健康的重要因素，有安全感的人自信、乐观、开朗，人际关系和谐，缺乏安全感的人往往感到孤独、危险和焦虑，缺乏朋友。平时，我们要培养自己的安全感，锻炼自己积极、自信、勇敢的心理品质，多和朋友、老师、家长交流，让自己的内心不断变得强大，而不需要通过携带刀具这种违法的手段获得保护自身安全的依靠。

携带管制刀具除了会对我们自身安全造成隐患，还会让我们形成恃强凌弱、欺软怕硬的恶劣品行。当我们用刀具作为威胁，向弱小的同学索要财物的时候，当我们拔出刀具刺向对面的同学，看到同学纷纷逃跑的时候，那种强大感、傲慢感、控制感会让我们感觉自己就是别人的主宰者，这种感觉一旦成为习惯和瘾癖，那么距离被法律无情制裁就不远了。如果真到了失去自由的那一天，再后悔也来不及了。

青少年时期是我们成长的关键时期。除了携带管制刀具，未成年人的严重不良行为还包括结伙斗殴，追逐、拦截他人，强拿硬要或者任意损毁、占用公私财物等寻衅滋事行为；殴打、辱骂、恐吓，或者故意伤害他人身体；传播淫秽读物、音像制品或者信息等；吸食、注射毒品，或者向他人提供毒品等。这些行为既伤害别人，也会对我们自身品行的塑造、心理健康产生不良影响。每个人的人生道路都是自己选择的，为了自身的安全健康，为了今后的人生道路，我们一定要远离不良行为和严重不良行为，排除成长道路上的隐患，迎接充满阳光和希望的未来。

 ## 装进锦囊的智慧

1. 管制刀具不仅不能保护我们的安全，还会给我们带来极大风险。

2. 刀具不是自身安全的保障。如果与他人发生冲突时情绪失控，就有可能使用携带的刀具刺向对方，由此产生的后果是无法预计的。

3. 如果让面对弱者时的强大感、傲慢感、控制感成为习惯和瘾癖，那么距离被法律无情制裁就不远了。

对有严重不良行为的未成年人，公安机关可以采取哪些矫治教育措施？

根据《中华人民共和国预防未成年人犯罪法》第四十一条规定，对有严重不良行为的未成年人，公安机关可以根据具体情况，采取以下矫治教育措施：

（一）予以训诫；

（二）责令赔礼道歉、赔偿损失；

（三）责令具结悔过；

（四）责令定期报告活动情况；

（五）责令遵守特定的行为规范，不得实施特定行为、接触特定人员或者进入特定场所；

（六）责令接受心理辅导、行为矫治；

（七）责令参加社会服务活动；

（八）责令接受社会观护，由社会组织、有关机构在适当场所对未成年人进行教育、监督和管束；

（九）其他适当的矫治教育措施。

第二章

危险往往潜伏在
这 10 大危险行为中

1 日常出行如何确保安全？

危险行为 1：戴耳机走路

某校学生李某，平时喜欢戴着耳机边听音乐边走路。一天下午，他跟往常一样边听音乐边走路回宿舍，经过十字路口时，一辆小汽车从他左侧开过来，虽然汽车一直在鸣笛，但他因为沉醉在音乐中丝毫没有避让的反应，结果汽车因刹车不及时，将其撞倒，造成李某左大腿骨折。

目前耳机已成为我们与视频、音乐、游戏等连接的重要工具，戴耳机走路更是司空见惯。由于学习紧张和生活的压力，以及对时尚音乐的热爱和追求，我们往往在步行、跑步、乘车、骑车及其他日常活动时，都会戴着耳机欣赏音乐、放松神经，同时又不影响别人。然而，这种行为具有安全隐患。

据医学专家介绍，如果短时间、低音量地使用耳机，一般不会对耳朵造成伤害。但如果长时间、高音量地使用耳机，可能会造成外耳道炎、神经性听力损失等危害，严重者可能会出现神经衰弱、噪声性耳聋或者永久性耳聋等疾病。同时，当我们戴着耳机走路时，会造成一系列安全隐患。首先，由于听觉受到阻碍，我们很难察觉周围的环境变化，如汽车的鸣笛声、行人的呼喊声或自行车的铃声等，从而增加发生交通事故的风险。其次，当我们专注于听音乐时，我们的注意力就会被分散，对于自身安全的关注就会降低，轻则可能坐车坐过站，重则遇到突发事件时无法快速作出反应，导致自身受到伤害。

　　青少年戴耳机走路受到伤害的案例时有发生。不久前，一名中学生因为戴着耳机骑车过马路不看信号灯被正常通行的车辆撞飞。监控画面显示，一辆白色轿车经过一个交叉路口

时，正值绿灯倒计时，白色轿车刚驶过停车线，就见到对面斑马线上一辆自行车在加速通过路口，双方闪避不及，撞个正着。经民警现场询问，中学生承认自己因为戴耳机听音乐，过马路时没有观察信号灯，最终判定中学生负事故全部责任。这个例子不仅说明了戴耳机走路的安全隐患，也给我们敲响了警钟，不要让这样的悲剧再在我们身上重演。

戴耳机走路对我们健康的损害大于带给我们的快乐。户外声音嘈杂，为了良好的音乐体验，我们就会调高音量。据2021年世界卫生组织发布的《世界听力报告》数据显示，全球约有11亿年轻人（12～35岁）正面临无法逆转的听力损失风险，而个人音频设备音量过高是造成听力损失的重要原因。因此，专家建议，为了保护听力，在使用耳机时，一般来说，将音量控制在最大值的60%以下是比较安全的，并且每次使用耳机时间不超过30分钟。不可在睡觉前躺在床上听耳机，因为一旦睡着，持续地使用耳机将会对耳朵造成更强的损害。

我们倡导在相对安静和安全的环境中戴耳机、不长时间戴耳机，这是对我们身体健康和人身安全的保护。而要做到这一点并不容易，其实每个人或多或少地都知道戴耳机走路存在风险，但依然会我行我素，为什么呢？最重要的一个原因是大家认为这种危险可能不会落到自己头上，发生危险的概率可以忽略不计，实际上这是自己内心存在侥幸心理的体现，因为百分之一的风险一旦成为现实，就会成为百分之百无法挽回的伤害。虽然国家和社会都在编织包括治安、交通、医疗、网络、教育等因素在内的保护每个公民的"安全防护网"，但如果我们个人缺乏安全意识，再严密的安全防护网也不能保护我们的安全。

所以，个人的安全保护要从自身做起，从貌似无风险的小事做起，从青少年时期做起，这样我们一生的安全才会有所保障。

 装进锦囊的智慧

1. 戴耳机走路会对我们的身体及所处的环境造成风险和隐患。

2. 不要让别人发生过的悲剧再在我们身上重演。

3. 百分之一的风险一旦成为现实，就会成为百分之百无法挽回的伤害。

4. 如果我们个人缺乏安全意识，再严密的安全防护网也不能保护我们的安全。

2 夜不归宿为什么有很大的安全风险？

危险行为 2：夜不归宿

　　小鑫是个贪玩的孩子。以前每次出去玩，他都会征求父母的同意，但是今年读初三了，小鑫感觉压力很大，于是他想和同学一起出去玩两天放松心情。他和父母说了他的想法，但是这次父母没有同意他出去玩。小鑫很郁闷，于是，他给家里留了张字条就和同学们一起跑到外地游玩了。到了晚上，父母不见小鑫的人影，找遍了家里才发现小鑫的字条，他们又生气又着急，不知道该怎么办。

　　《中华人民共和国预防未成年人犯罪法》将无故夜不归宿、离家出走列为不利于未成年人健康成长的不良行为。或许有的同学会认为没必要，不就是没在家睡觉吗？

　　首先，我们一起分析一下，为什么有些青少年会夜不归宿？

第一，外面的世界很精彩。灯红酒绿、欢声笑语、觥筹交错的世界与家中灯下苦读、苦思冥想的学习相比，外面的世界更具诱惑力，在同伴的招呼下，青少年往往会流连忘返于夜晚的生活。

第二，每天回到家后，面对父母的监督，感觉压力巨大，看不到父母的好脸色，听不到父母对自己的赞许，厌倦了每天的学习生活，就想彻底放松一下。

第三，家庭关系紧张，父母在家中经常吵架，家中没有温馨平静的学习和生活环境，所以对家庭生活失望至极，讨厌这个家，希望换个地方获得暂时的宁静，想到家外还有自己喜欢的朋友在等着自己，感觉和他们在一起更快乐。

很多同学夜不归宿的原因都是可以理解的，很多同学认为自己大了，不用天天生活在父母的羽翼之下了，自己要有自己的生活。但是当我们决定夜不归宿前，是否想过夜不归宿具有很大的安全风险呢？

首先，夜不归宿会导致学业成绩下降。青少年正处于学习的关键时期，良好的作息是保证学习成效的基础。夜不归宿会使我们疲惫不堪，第二天会难以集中精力学习，导致学习成绩下滑。

其次，夜不归宿容易引发各种不良行为，如吸烟、酗酒、泡网吧等。另外，夜不归宿还可能导致逃学、旷课等行为。

再次，夜晚是违法犯罪活动高发时段，一些未成年人沉迷于夜生活，既可能受到不法分子的侵害，还可能受到不良人员的引诱，从而参与违法犯罪活动。

最后，夜不归宿会让我们陷入不良的人际交往，在我们身边，会有同样的夜不归宿人员、喜欢夜生活的人员，甚至有一些别有意图的人员进入我们的生活圈，从而增加我们社会生活的复杂性和交往人员的不确定性。

总体来说，夜不归宿尽管能带给我们暂时的放松和快乐，但是无法解决我们学习和生活中遇到的现实问题，而且还会带来无法预知的安全风险。不仅对我们的健康和学业产生负面影响，还可能导致不良的价值观念和生活方式。

每个人都会面对现实中的压力和困难，但是用夜不归宿的办法逃避现实绝不是有效的办法，相反还会使我们面临的问题更加糟糕。我们唯有正视问题、迎接挑战，才能找到解决问题的有效方法，当然，在面对压力和困境的时候，采取积极健康的减压方式缓解压力，改善人际关系，远比用夜不归宿的方式效果好得多、安全得多。

一旦夜不归宿，最担心的是我们的父母，也许他们会一夜不眠，等着我们归来。可能平时他们的脸色并不好看，语言也很严厉，但儿女在他们心中的位置是不可替代的。尽管我们生活的家庭可能并不完美，却是我们最安全的港湾。让我们主动回归家庭的怀抱，找到家中的真诚和温暖吧！

 装进锦囊的智慧

　　1.夜不归宿尽管能带给我们暂时的放松和快乐，但是无法解决我们学习和生活中遇到的现实问题。

　　2.在面对压力和困境的时候，采取积极健康的减压方式缓解压力，改善我们的人际关系，远比用夜不归宿的方式效果好得多、安全得多。

▪▪▪▪ 自护小科普 ▪▪▪▪

　　《中华人民共和国预防未成年人犯罪法》第三十六条规定：对夜不归宿、离家出走或者流落街头的未成年人，公安机关、公共场所管理机构等发现或者接到报告后，应当及时采取有效保护措施，并通知其父母或者其他监护人、所在的寄宿制学校，必要时应当护送其返回住所、学校；无法与其父母或者其他监护人、学校取得联系的，应当护送未成年人到救助保护机构接受救助。

3 在朋友圈炫一下优渥生活也有危险？

危险行为 3：朋友圈炫富

　　小楠是一名初二学生，他打开自己的朋友圈："大家快来膜拜我爸爸从香港给我带回来的名牌包！真可惜不能带到学校去""真不愧是刚买的一万多块钱的笔记本电脑，开机速度就是牛"……这满屏幕的"炫富"内容，实际上是小楠自己在网上下载的"假照片"！

　　近年来，随着社交媒体的普及，青少年朋友圈炫富现象逐渐引起了人们的广泛关注。通常是一些学生在自己的社交媒体账号上展示自己的奢侈生活方式，包括家里的名车、名表、高档电子产品、名牌运动鞋、海外旅游照片等，以此获取同伴的羡慕。然而，这种行为貌似能满足我们的虚荣心，吸引同学和朋友的眼球，显得自己高人一等，但实际上，背后隐藏着许多危害，对青少年的正常成长和心理健康具有极大的影响，带来的危害远远大于心理上获得的满足。

　　首先，无论我们炫耀的内容是真是假，体现的都是"我有你没有，我有的比你有的更昂贵、稀缺"这样的心理状态，目的是让自己显得比别人更"高富帅"，希望通过展示自己拥有的财富、资源获得更多的赞美。但是这种炫耀的结果会让我们和朋友的友谊产生隔阂，使心理距离更疏远，对我们良好的人际关系产生影响。

　　其次，炫富本身具有一定的安全隐患。当我们炫富的内容在朋友圈广泛传播的时候，别有用心的人会给予我们更多的关注，包括我们的个人隐私信息，最终让我们成为被侵害的对象。因为抢劫、绑架等刑事犯罪的对象往往是那些暴露自己财富的人。即使没有遇到刑事犯罪，网络上的仇富心理往往也会让我们成为网络暴力的受害者，其后果不仅让个人的声誉受损，甚至给自己的心理造成巨大的压力，从而影响我们的学习、生活和健康。

最后，朋友圈炫富貌似是个人行为，实际上会对社会价值观产生负面影响。青少年时期本应是正确的世界观、人生观、价值观形成的时期，如果虚荣心、金钱观占据了我们的精神世界，对财富的羡慕让我们希望通过炫耀财富来提升自己的社会地位，这种价值观会给同学带来不好的示范效果，影响同学们人生观、价值观的确立，还会让一部分同学产生自卑感和排斥感，从而加剧同学之间、群体之间的对立，甚至可能导致部分青少年心理健康问题加重。

炫富往往和自卑感、内心的空虚感、展示自我的存在感紧密联系，和价值观的扭曲相联系。我们要知道一个真相，即真正有实力的人不需要通过炫耀和显摆来获得别人的青睐。外界事物带来的虚名对我们实质性的自我提升并不能起到决定作用。

那么，怎样克服虚荣心理，不用炫富的方法获得同伴的尊重与赞美呢？

如果一个人总是想用虚荣的方式满足自己的自尊心，那么这个人肯定有自己不如别人的地方，而不如别人的地方就是用虚荣填补的空间。所以，正视自己的不足，通过努力弥补自己的不足，是克服虚荣心理的第一步。

不与同学攀比是克服虚荣心理的第二步。有的同学放学后总要比一比哪位同学的家长开的车更高档，哪位同学的运动鞋是限量版，实际上你目前所拥有的物质财富都是家长创造的，不是你创造的。同学之间如果进行比拼，应该拼的是谁最关心集体，谁是优秀少先队员，谁的学习成绩最好，谁的长跑成绩最棒……这样比才有意义，才能相互激发上进心。

树立正确的价值观是克服虚荣心理的第三步。我们从青少年时期就要对金钱、财富有一个正确的认识。要知道，金钱、财富可以提高我们的生活质量，但金钱并非万能的。因为金钱虽然可以买高档汽车，但未必能买来交通安全；金钱虽然可以买最先进的运动器材，但未必能买来健康。有的人一生都在追求金钱，但每个人对于物质的需求都是有限的，当物质满足超出一个人正常的需求量时，这个人的身体、精神或者整个人生就可能会偏离正常轨道，最后可能会因为金钱而身败名裂。有的人一生都在追求为社会作贡献，他虽然没有充足的金钱和财富，但是为社会的发展和他人的幸福做出了贡献，赢得了他人和社会的崇敬。两种人生选择，哪种更有价值呢？

总之，在朋友圈发布信息是一个需要谨慎对待的问题，体现了一个人的网络素养、精神境界和心理状态，同时还涉及一个人的心理、社交和安全问题。对于青少年来说，在朋友圈炫富不仅不能带来荣耀，还有可能带来安全风险、友情危机，所以在朋友圈发布信息一定要三思而后行。

 装进锦囊的智慧

　　1. 炫富带来的许多危害远远大于心理上获得的满足。

　　2. 抢劫、绑架等刑事犯罪的对象往往是那些暴露自己财富的人。

　　3. 当物质满足超出一个人正常的需求量时，这个人的身体、精神或者整个人生就可能会偏离正常的轨道，最后可能会因为金钱而身败名裂。

4 为什么逃课不是小问题？

危险行为 4：逃课

12月2日，某中学3名初三年级学生相约逃课，他们溜到一家电信营业厅内，趁着店员忙碌，拿走了2部新手机。民警迅速到达现场，经调取监控发现，盗窃手机的为3名穿着校服裤子的中学生。民警随即对周围展开巡查，在某花园内将3名盗窃手机的青少年抓获，并在三人身上查获被盗手机。经查，3人均为某中学初中三年级学生，因为学习成绩不好，便产生了厌学心理。12月2日，三人相约逃课玩耍，当他们闲逛到电信营业厅时，看到忙碌的工作人员，便产生了偷窃念头，2部手机总价值超过2000元。鉴于3人均为未满16周岁的在校生，民警对3人予以训诫，通知家长领回严加管教，追回并返还被盗手机。

逃课的原因很多，比如，有的同学没有完成作业，怕老师批评；有的同学在课堂上听不懂老师讲的内容，所以没有成就感；有的同学觉得外面的世界更精彩，在课堂上学习就是浪费青春……无论什么原因，从法律的角度来看，逃课是一种不良行为，对我们的学习成绩、心理健康和人身安全都具有消极影响。

首先，逃课会导致学习进度落后。每天的课堂学习都是有计划安排的，逃了一天课可能无法跟上进度，从而错过重要的知识点和学习机会，造成学习成绩下滑；其次，逃课会对自己的品行产生负面影响。青少年时期是一个关键时期，逃课会让我们养成懒散、不负责任、逃避现实的习惯，从而影响自己的人生态度和价值观；最后，一旦逃课成为习惯，当自己流落到社会上又没有经济来源时，就可能结交社会上的不良人员，被当成工具，通过不正当手段获取钱财，从而触犯法律或受到不法之徒的侵害。

一次逃课，貌似无关紧要，实际上对自己的影响很大。如同一个人吸了一次毒品，只能获得暂时的麻痹，以后就会欲罢不能，逃课也是同样的道理。当自己找了一个理由逃了一次课后，感觉对自己的影响并不大，实际上已经打开了逃避学习和放任自己的口子。放任自己是很轻松的事情，逃一次课暂时躲避了学习压力，但是也让自己在人生道路上下滑了一步。今天的我们，面临的学习压力的确很大，但是也有很多同学顶住了压力，课内课外都很优秀。我们要相信自己并不比别人差，即使落后几步，只要努力加加油就能提升自己的成绩，用逃课的方法解决不了学习压力的问题。

　　在这里，和同学们分享一个克服"逃课"想法的方法，我们将之称为"回归课堂四件套"。第一，当产生不想去学校上课的想法时，先找出主要原因，针对主要原因解决问题。如果成绩不好是主要原因，就及时找到老师，和老师分析哪些知识是自己的薄弱环节，用一段时间尽快弥补；第二，制订一个详细的学习计划，把落下的课程和将要学习的课程列出清单，按计划把课程赶上。在此阶段要记住，学习成绩一时半会儿可能还赶不上其他同学，但要和自己比，先不要和其他同学比，相信过一段时间同学们就会对你刮目相看；第三，要把自己的计划告诉家长，赢得家长的支持和理解，不要让家长的焦虑情绪影响我们的计划和行动；第四，如果仍然不想去上课，对课堂感到恐惧，可以请学校的心理老师进行心理调适，或者通过热线电话、网络留言、线下预约咨询等方式和本地的 12355 青少年服务台取得联系，求得专业心理咨询师的帮助。

"逆水行舟用力撑，一篙松劲退千寻。古云此日足可惜，吾辈更应惜秒阴。"一次逃课貌似"小恶"，但我们要做到勿以恶小而为之。如果任由心中的"小恶"不断积累，就可能成为"大恶"，成为自己人生发展的隐患和陷阱，最终会追悔莫及。因此，珍惜当下拥有的生活，每天向自己制定的目标攀登一小步，就会拥有不一样的人生高度。

 装进锦囊的智慧

1. 一次逃课的后果如同一个人吸了一次毒品，只能获得暂时的麻痹。

2. 每天向自己制定的目标攀登一小步，就会拥有不一样的人生高度。

5 占便宜又不是偷，有那么严重吗？

危险行为 5：贪小便宜

"充值 50 元到账 600 元，官方渠道，酬谢老客户。"某天，初二学生瑶瑶在网上无意间看到有人做代充值业务，于是进入所谓的"企业代付充值"短视频教程，没想到扫码后自己手机上自动扣费 3888 元。随后，她发现无法登录某短视频平台账号，瑶瑶这才意识到被骗了，连忙向警方报案。

贪小便宜吃大亏，这是每个人都知道的道理，但是往往有人经受不住小利的诱惑，最终因小失大。过去，贪小便宜的事发生在现实中；现在，互联网上的骗局层出不穷，一些同学就像瑶瑶一样上当受骗。我们身边的同学，包括我们自己，是不是也犯过这种错误呢？

贪小便宜本质上来说是一种投机取巧心理，即希望用小的投入获得大的回报，实际上就是贪欲战胜了自己的理智，而自己还窃喜不已。我们可以看看自己或者身边的同学是否有以下行为。

1. 借同学的笔、橡皮，或者借钱，过后不还，寄希望于时间长了，同学就会忘掉。当同学索要时，却说自己忘了，还说同学太小气了，斤斤计较。

2. 主动向同学索要小玩具、零食、学习用品等物件，如果哪个同学不给，就进行人身威胁。

3. 以买参考书为由向家长要钱，结果用要来的钱去游戏厅娱乐。

4. 对老师说自己昨晚肚子疼，所以没完成作业，实际上是因为昨天晚上刷视频到很晚。

5. 考试时偷偷看了同桌试题的答案，不该得的分拿到了手。

6. 看到"免费领取游戏装备""添加好友免费送皮肤"立刻点击获取。

7. 同学们在班级里大扫除，自己躲在一边，好像和自己无关。

8. 陌生人热情地向你推介食品或者饮料，让你免费品尝，你心想不尝白不尝。

以上这些现象，我们经历过吗？当然，生活中贪便宜的事不止这些，貌似能占便宜的事随处可见，也充满诱惑。作为青少年的我们，如何识别诱惑，不上贪小便宜的当呢？

首先，青少年时代要培养自己的大格局，打开自己的心胸和视野，不要让占便宜的想法主导自己的行为，不要总是从自己的利益出发，要多考虑其他人的感受，经常进行换位思考；其次，不要相信有天上掉馅饼的事，有付出才可能有收获，但有的收获未必当时就能得到，没有付出就不会有收获，即使有，也是骗局；最后，强化自控能力，敢于向诱惑说"不"，对于来源不明的利益、好处，自己心里要问一个"为什么"，对于不请自来的小便宜要坚决拒绝。

古人讲："勿以善小而不为，勿以恶小而为之。"在一些人眼里，贪小便宜似乎是一种聪明和精明的表现。他们抱着"不算偷，只是占便宜"的心态，通过各种手段获取不义之利。贪小便宜貌似小恶，实际上对人的品质和心理状态影响很大。今天贪小便宜，日后就可能影响到自己的世界观、人生观，觉得有便宜不占就对不起自己，造成心理和人格的扭曲，甚至置法律与道德于不顾，导致自己的一生毁于放纵的贪欲。他们会在追求个人利益的同时忽视他人的权益和社会的公平正义，失去诚实守信的品质，不仅会损害自己的声誉，也会影响职业发展和人生道路。占小便宜的心理一旦在青少年时期没有被克服和矫正，将来的私欲就会无限膨胀，最终只会害了自己。因此，我们从小远离占小便宜的不良心态，既是对自己负责任的一种态度，也是保护自己健康成长的重要方式。

 装进锦囊的智慧

1. 有付出才可能有收获，但有的收获未必当时就能得到，没有付出就不会有收获，即使有，也是窃取他人的成果。

2. 贪小便宜貌似小恶，实际上对人的品质和心理状态影响很大。今天贪小便宜，日后就可能影响到自己的世界观、人生观。

3. 当小的贪欲无法满足自己时，大的贪欲就会到来，而人生的红色底线就会无限地靠近你。

6 欺凌是违法违纪行为吗？

危险行为 6：欺凌同学

2017 年 2 月，某校女学生朱某伙同另外四名女生在
学校女生宿舍楼内，采取恶劣手段，无故殴打、辱骂另
两名女学生，事后还在自己的微信群内小范围进行传播；
其中一名被害人，当天先后被殴打了三次。经鉴定，两
名被害人均构成轻微伤，导致其中一名被害人精神抑郁。

最终，法院依法判决被告人朱某犯寻衅滋事罪，判处有期徒刑一年。另外四名被告人犯寻衅滋事罪，分别判处有期徒刑十一个月。

学生欺凌，是指发生在学生之间，一方蓄意或者恶意通过肢体、语言及网络等手段实施欺压、侮辱，造成另一方人身伤害、财产损失或者精神损害的行为。近年来，类似案件在全国时有发生。欺凌事件会给被欺凌者带来严重的身体和心理伤害。心理学家丹尼斯·艾利斯做过一个实验，邀请一群孩子参与实验，让其中一部分孩子扮演被欺凌者。结果显示，被欺凌者在实验当中表现出了明显的情绪压力和心理困扰，甚至可能导致其自尊心和自信心丧失。

学生之间的欺凌事件已引起了全社会的高度关注。除了全社会对学生欺凌事件采取综合治理措施外，作为青少年的我们，如何应对欺凌事件，保护自己的安全呢？

首先让我们看一看什么样的人容易遭到欺凌。

一般来说，身体弱小的学生、残疾的学生、性格孤僻的学生、朋友少的学生、单亲家庭的学生、缺乏自信或性格软弱的学生、学习成绩差的学生更容易受到欺凌。但是有的时候，身体强壮的学生、朋友多的学生、成绩好的学生，甚至是欺凌过其他同学的学生，也遭到过欺凌。所以，我们每个人都应该学会如何应对欺凌行为。

面对欺凌时，我们应该采取什么样的办法保护自己呢？当下面的情景发生时，请在你认为正确的选项后打"√"

1. 对方给我起外号

（1）默认，忍了

（2）表达你的不满，当面告诉他"我不爱听，不许你这样叫我"

（3）也给他起外号

（4）警告他，再这样就报告老师

2. 当对方推搡我时

（1）你推我，我也推你

（2）即使不是自己的错误也赔礼道歉

（3）先答应对方的要求，脱身后报告老师和家长

（4）过几天找几个同学报复他

3. 发现某同学在网络上散布关于我的谣言，并发布我的隐私信息

（1）他造谣我也造谣

（2）如果我招惹他可能麻烦更大，还是息事宁人吧

（3）及时报告老师和家长，或者报警

对于以上三种情况的欺凌行为，应对的方式基本有三种。一是忍气吞声，接受欺凌的结果；二是以牙还牙，强力对抗；三是采取正确策略，在保护好个人安全的前提下寻求支持和帮助。

这三种应对方式对应三种结果。第一种结果是欺凌行为有可能会持续发生，忍让换不来欺凌行为的终止；第二种结果是可能导致欺凌行为升级，使欺凌行为转化为暴力侵害行为；第三种结果是欺凌行为终止，被欺凌者得到了保护，欺凌者得到了应有的教育、矫正与惩戒。

在欺凌行为中没有受益者。学生欺凌事件不仅会对被欺凌者造成身体伤害，而且会对被欺凌者的心理造成严重影响，甚至影响被欺凌者以后的学习和生活。而欺凌者在欺凌事件中貌似得到了满足，实际上使自己的傲慢和私欲进一步膨胀，本应该在学生时期健康发展的心态变得扭曲，今后有可能走上违法犯罪的道路。所以，我们既不要成为被欺凌者，更不要成为欺凌者。要尊重他人、理解他人，建立良好的人际关系，消除成长中的不良心态，成长为一名身心健康的合格学生。

装进锦囊的智慧

1. 每个人都不具有针对欺凌行为的免疫力，都应该学会如何应对欺凌行为。

2. 以武力手段抵抗欺凌行为有可能导致欺凌行为升级，使欺凌行为转化为暴力侵害行为。

3. 欺凌行为中没有受益者。我们既不要成为被欺凌者，更不要成为欺凌者。

自护小科普

以下是与学生欺凌有关的部分法律：

《中华人民共和国刑法》

第二百三十四条 【故意伤害罪】故意伤害他人身体的，处三年以下有期徒刑、拘役或者管制。犯前款罪，致人重伤的，处三年以上十年以下有期徒刑；致人死亡或者以特别残忍手段致人重伤造成严重残疾的，处十年以上有期徒刑、无期徒刑或者死刑。本法另有规定的，依照规定。

第二百四十六条 【侮辱罪】【诽谤罪】以暴力或者其他方法公然侮辱他人或者捏造事实诽谤他人，情节严重的，处三年以下有期徒刑、拘役、管制或者剥夺政治权利。前款罪，告诉的才处理，但是严重危害社会秩序和国家利益的除外。通过信息网络实施第一款规定的行为，被害人向人民法院告诉，但提供证据确有困难的，人民法院可以要求公安机关提供协助。

《中华人民共和国民法典》

第一百一十条　自然人享有生命权、身体权、健康权、姓名权、肖像权、名誉权、荣誉权、隐私权、婚姻自主权等权利。

法人、非法人组织享有名称权、名誉权和荣誉权。

第九百九十一条　民事主体的人格权受法律保护，任何组织或者个人不得侵害。

《中华人民共和国未成年人保护法》

第三十九条　学校应当建立学生欺凌防控工作制度，对教职员工、学生等开展防治学生欺凌的教育和培训。

7 压力大时如何避免极端心态？

危险行为 7：极端心态导致自杀自残

《中国疾病预防控制中心周报》援引多年的普查数据，指出中国自 2010 年至 2021 年的十几年间，总体自杀死亡率下降了一半，从每 10 万人中的 10.88 人下降至 5.25 人。然而，令人担忧的是，5 岁至 14 岁儿童的自杀率却每年上升近 10%，15 岁至 24 岁青少年的自杀率更是年均增长了约 20%。研究报告指出，尽管绝对数值上的自杀率增加并不多，但在整体自杀率下降的背景下，青少年的自杀率却在大幅攀升，这一趋势令人担忧。

近年来，青少年自杀问题引起社会高度关注。自杀问题除了学习压力、人际关系、目标缺失等原因，青少年在面对挫折、困扰及各种问题时产生的极端心态也是重要因素之一。所谓极端心态，是指针对某一事件、某一人物、某一环境等表现出来的一种消极的、绝对的、片面的、不易改变的心理状态。

这种心态不仅对自身造成了严重危害，也给社会和家庭带来了巨大的压力和影响。正值青春年华，我们不难发现身边的一些同学、伙伴常常表现出一种极端的心态。他们或者过高估计自己的能力，认为自己无所不能；或者过低估计自己的能力，自我怀疑，缺乏自信；或者在朋友圈中语言偏激，情绪低落，过于敏感。这些都是极端心态的表现。

　　青少年极端心态的成因是多方面的，既有生理的原因，也有社会和心理的因素。从生理角度看，作为青少年，我们正处于身体和心理发育的关键时期，激素分泌的变化会导致心理状态和情绪的不稳定。从社会角度看，现代社会的竞争压力不断增大，我们面临着学业、同学关系、职业选择等多重困扰。

成长中的我们缺乏一定的心理抗压能力和解决问题的能力，难以应对复杂的情绪和矛盾。因此，往往采取极端的方式表达自己的情绪。从心理角度看，极端心态是一种不成熟的心理状态，需要通过不断提高自己的科学文化水平和心理素质，逐渐摆脱极端心理状态，回归正常心理状态。

极端心态的危害体现在多个方面。首先，极端心态可能导致青少年情绪上的剧烈波动，他们可能因为一点小事而猜疑、愤怒、悲伤或恐惧，无法有效控制自己的情绪甚至行动。这种情绪波动还可能对周围的人产生负面影响，导致关系紧张甚至发生冲突；其次，极端心态可能导致冲动行为增多。可能会因为一时冲动而做出一些危险的行为，比如，过激地反抗父母的规定，挑战现有的法律、制度，极度厌恶某人某事等；最后，由极端心态导致的极端行为有可能给学校、家庭及社会稳定带来负面影响，还可能对自己、他人的生命和财产安全造成威胁。严重的极端心态可能会导致偏执型人格，需要到专业心理咨询机构或医院的心理门诊进行诊断。

如何避免极端心态？以下提出一些建议供参考。

1. 调整看事物的角度。全面、整体地看待周围的人和事，既要看到事物的有利一面，也要看到事物的不利一面；既要看到别人的缺点，也要看到别人的优点。

2. 多与家人或同伴交流，以谦虚诚恳的态度吸收别人意见中的有益部分，多赞美家人和同伴。对于和自己不同的意见，不轻易给予反对，可以对对方说："这个想法很新颖，对我很有启发，我还需要好好想想，可能会和你的想法有些不同。"

3. 当有极端想法出现时，问自己三个问题："这个想法考虑周全吗？对他人有影响吗？有实现的可能吗？"如果有一个问题的答案是"否"，就尽快换一个角度重新进行思考。

4. 多参加学校、社区举办的各种文体活动，转移注意力，塑造积极阳光的心态。

5. 如果长时间处于极端心理状态，请尽快寻求心理医生的帮助。

每个人都会产生心理问题，每个人并不是天生具有对心理疾病的免疫力。所以，以阳光的心态面对生活，出现心理疾病也不讳疾忌医，这是我们面对极端心态时应采取的积极态度。

装进锦囊的智慧

1. 极端心态是一种不成熟的心理状态。需要通过不断提高自己的科学文化水平和心理素质，逐渐摆脱极端心理状态，回归正常心理状态。

2. 当有极端想法出现时，问自己三个问题："这个想法考虑周全吗？对他人有影响吗？有实现的可能吗？"

3. 心理疾病和感冒发热一样，同属疾病范围，应积极治疗，不要讳疾忌医。康复之后，能够和普通人一样正常地生活。

8 规则限制了我们的自由吗？

危险行为 8：漠视规则

2016 年，北京八达岭动物园发生了一起东北虎伤人事件。一名年轻女性从轿车副驾驶开门下车，绕过车头走到另一侧车门前。就在此时，突然有一只老虎从她身后出现把她扑倒，并迅速将其拖走。慌乱之中，这名年轻女性赶忙呼唤家人来帮忙。车上的丈夫和她的母亲也连忙下车去追，老虎于是转头攻击这名年轻女性的母亲，最终这名年轻女性的母亲因为失血过多不幸死亡。警方为此成立了专案组调查此事，事情的真相也终于水落石出。原来，事发当天一大早，年轻女性与家人一起自驾前往动物园。入园前，被园区管理人员告知了六条禁令，其中有一条着重强调了，那就是严禁下车。最终，这名年轻女性对自己下车之举感到非常后悔。因为如果一开始就不抱着侥幸心理，遵守动物园的规定，就不会让这一惨剧发生。

规则，就是人们在大量的经验和教训的基础上总结出来的日常学习、生活和工作中的规律、规章、守则，也是人们要遵守的行为规范。遵守规则，事物就会正常推进，社会就会和谐发展，人们的生活就会安全稳定。漠视规则，就会重蹈规则产生之前人类的覆辙，对人们的学习、生活、工作会造成不利影响，让人们受到规则的惩罚。

青少年时期是规则意识确立的重要时期。良好的规则意识，是保护我们安全和健康成长的重要武器。然而，我们中的有些同学，由于受到家庭和社会中的一些不良影响，漠视规则的存在，认为规则捆绑住了我们的手脚、限制了我们的自由，于是有的同学平时学习不下功夫，在考试时偷偷抄袭别人的试卷；有的同学课间休息时，偷偷跑到卫生间吸烟；有的同学欺骗家长，说学校要买参考书，然后拿着家长给的钱去游戏厅娱乐；有的同学甚至在校外聚众拦截年龄小的学生，抢劫钱财，欺凌同学。这些都是漠视规则的表现。以上这些行为，不仅违反了学校的规章制度和学生守则，甚至已经游走在违法犯罪的边缘，如果不及时悔改，后果不堪设想。未成年时期漠视规则、违反规则，虽然不用承担成年人一样的法律责任，但长大后极有可能挑战道德和法律的底线，社会和法律不会对漠视规则的人给予宽容和谅解。

树立规则意识首先要遵守国家的法律法规，避免沾染上

各种不良行为。《中华人民共和国预防未成年人犯罪法》中提到了九种不良行为和九种严重不良行为。九种不良行为包括旷课、夜不归宿；携带管制刀具；打架斗殴、辱骂他人；强行向他人索要财物；偷窃、故意毁坏财物；参与赌博或者变相赌博；观看、收听色情、淫秽的音像制品、读物等；进入法律、法规规定未成年人不适宜进入的营业性歌舞厅等场所；其他严重违背社会公德的不良行为。九种严重不良行为包括纠集他人结伙滋事，扰乱治安；携带管制刀具，屡教不改；多次拦截殴打他人或者强行索要他人财物；传播淫秽的读物或者音像制品等；进行淫乱或者色情、卖淫活动；多次偷窃；参与赌博，屡教不改；吸食、注射毒品；其他严重危害社会的行为。我们可以对照检查一下自己平时是否存在以上这些行为，如果存在，就要及时改正。

　　其次，树立规则意识要从养成良好的生活习惯做起。良好的生活习惯不仅能够让我们的身体更健康、生活有规律，还能够提高我们的学习效率，提升我们的自我管理、自我控制能力，这些都是建立规则意识的前提和保障。"汝果欲学诗，工夫在诗外"，要树立规则意识，就要从日常生活习惯做起。

　　规则意识的养成也是对自己欲望的约束。每个人都有趋利避害的本能，当面对某件事时，都希望获得最大的利益、最好的结果，但是自己内心的欲望要受到理智的约束，而理智的主要成分就是规则意识。试想，如果我们想尽快到达目的地，就要突破交通规则的约束；如果我们想去游戏厅娱乐，就要突破道德和法律的约束，去骗家长的钱，或者勒索小同学的零花钱；如果我们想在网上有更多的粉丝，就要突破有关互联网的法律和规则，哗众取宠，发布虚假信息，夺人眼球……结果就是受到法律和规则的惩罚。心理学上有一个概念，叫作"延迟满足"，讲的是对当下的欲望进行约束、限制、延迟，以获得长远的利益。就像一位诗人所说："自由只存在于束缚之中，没有堤岸，哪来江河？"

装进锦囊的智慧

1. 良好的规则意识，是保护我们安全和健康成长的重要武器。

2. 一个无视规则的人，貌似自由，实则不受欢迎，也会为今后的发展埋下隐患。

3. 遵守规则，就是保护自己。

有时开玩笑为什么会给他人带来伤害？

危险行为 9：恶作剧

　　2015 年愚人节的前一天，唐先生正在散步，忽然看到一个十五六岁的男青年从一栋居民楼里飞快地跑了出来，紧接着他突然转身跪在地上，朝着楼道方向喊着"大哥，别杀我，别杀我"。唐先生还没来得及反应，楼道里突然传来一声巨响，男青年像是中了枪一样倒在地上，一动不动。唐先生以为发生了凶杀案，吓得连忙转身就跑。但他没跑几步就被路边的隔离墩绊倒，整个人摔倒在地，唐先生挣扎着要爬起来的时候，听到后方传来哈哈大笑声。他回头一看，刚才倒在地上的男青年和另一个男青年一起，拿着手机拍摄自己摔倒的样子。唐先生意识到这是一个恶作剧，他异常愤怒，立即报了警。

　　青少年是一个活力四射的群体，充满了好奇心和创造力，然而正如上述案例所指出的，如果不进行自我的心理和行为管理，这种活力和创造力有可能变为偏离正道的恶作剧，给别人带来痛苦和伤害。

恶作剧是指在别人不知情的情况下，有意制造的捉弄、搞笑、使人难堪的行为。这些行为包括藏匿同学的物品、在同学耳边突然大声呼喊、偷偷拿掉站立同学的椅子让同学一下子坐到地上、在女同学的课桌里放可怕的动物玩具等。恶作剧的创意千奇百怪，貌似让人忍俊不禁，但当这种行为越界时，就可能带来诸多问题，导致负面后果。

首先，恶作剧会对被恶搞者造成身体上的伤害。想象一下，当我们用盐替换糖，让对方瞬间喝下去，可能导致对方肠胃、肾脏损伤；当我们把同学的椅子悄悄撤掉，同学突然坐到

地上，可能造成对方尾骨骨折。这种恶作剧不仅会破坏人们的心情，还很有可能对对方的身体造成伤害，甚至可能会导致对方因愤怒而产生激烈的肢体冲突。

其次，恶作剧会伤害我们与同伴之间的感情和友谊，让同伴感到被捉弄、被排斥或导致其自卑。恶作剧以显示自己、让对方出丑为目的，以对方的痛苦和尴尬为表现形式，没有考虑到对方的尊严和心理感受。当同伴感受到我们的恶搞和不尊重时，双方的友谊就会降级，再想成为好朋友就比较难了。

再次，恶作剧有可能造成"剧"中双方的心理创伤。一次在众人面前的尴尬和出丑会对正常的心理状态产生强烈冲击，甚至会导致抑郁、焦虑、自尊心下降、社交恐惧、厌学等心理问题出现，对对方的健康和学业都会造成影响。同时，当经常搞恶作剧的人习惯于利用恶作剧来获取快感时，会逐渐失去对他人感受的敏感性和关爱，使自己对被恶搞的人产生冷漠和无动于衷的态度，逐渐变得缺乏同理心，同时对自身心理的健康发展也是不利的。

最后，恶作剧还可能触犯法律。一旦恶作剧酿成祸事或造成损失，被害人就可以追究法律责任。比如，明知道对方有心脏病，仍然以恐吓的方式向对方实施恶作剧，导致对方死亡，就会构成过失杀人罪，从而受到法律的制裁。

所以，我们在与同学或他人的日常交往中，在不影响双方的友谊和不会造成生理和心理伤害的前提下，可以适度地和朋友开玩笑，适度的玩笑可以活跃气氛、促进友谊，体现自己的幽默。而一旦开玩笑过分，就有可能成为恶作剧。开玩笑和恶作剧之间的尺度就是是否尊重对方的人格和习惯、是否给对方造成了伤害、是否影响了双方的正常关系。

　　恶作剧实施者的主要心理是通过对方出丑显示自己的智商和力量，从而赢得他人的关注与尊重，但是这种以伤害对方的方式博得关注的做法是非常危险的心理状态，会影响我们的心理健康和今后的成长。所以，我们在与同学、朋友的交往中，千万不要实施恶作剧。同时，针对实施恶作剧者，我们可以告诉他恶作剧的后果，让实施恶作剧者立即停止其行为，如果实施恶作剧者仍然不停止，要及时向家长、老师反映，避免因恶作剧而受到伤害。如果情况严重，可以及时报警。一旦恶作剧对我们造成了身体或心理上的伤害，要及时通过法律手段进行维权，同时可以寻求专业心理工作者的帮助。

装进锦囊的智慧

1. 当同伴感受到我们的恶搞和不尊重时，双方的友谊立即就会降级。

2. 恶作剧的实施者会逐渐变得缺乏同理心，同时对自身心理的健康发展也是不利的。实施者并不是恶作剧的赢家。

3. 对恶作剧我们要及时制止，避免对自己或他人造成伤害。

10 艾滋病是全人类的敌人，如何避免感染？

危险行为 10：不安全的性行为

"我，确诊 HIV（艾滋病病毒）阳性，已经进入艾滋病晚期，入院后被下病危通知，一个月后出院。我是从死亡边缘挣扎回来的人，想用我有限的生命，记录那些不该有的过去和我即将走过的未来，希望用我的痛苦经历，带给我的同龄人一些警示！"

这是一名青年学生用自己的亲身经历写给同龄人的一段话。艾滋病，医学名称为"获得性免疫缺陷综合征"，未经治疗的感染者在疾病晚期易于并发各种严重感染和恶性肿瘤，最终导致死亡。艾滋病具有很强的变异性，目前仍无彻底治愈的药物或有效预防的疫苗。截至 2022 年年底，我国报告存活的艾滋病病人和艾滋病病毒感染者为 122.3 万例。在传播途径中，性传播占 97.6%，其中，异性性传播占

72.0%，同性性传播占 25.6%。而青年学生病例以同性性传播为主，占 82.5%。

对于这几个冷冰冰的数字，我们是不是感到震惊和恐惧？艾滋病是全人类共同的敌人，至今无法治愈。一旦感染艾滋病病毒，如果没有进行任何干预或治疗，在 7 ~ 10 年时间里，艾滋病病毒会破坏所有的身体免疫系统，导致各种严重的并发症，最终致人死亡。近年来，青年学生感染艾滋病的病例不断增加，已引起了全社会的广泛关注。

对于我们来说，之所以说艾滋病可怕，是因为一旦成为艾滋病感染者或者患者，我们不但要面对疾病的折磨，还要面对可能来自社会的歧视；之所以说艾滋病不可怕，是因为只要我们了解艾滋病知识，远离不安全的高危行为，掌握安全自护方法，就能够远离艾滋病的危害，从而健康快乐地成长。

我们知道，艾滋病的传播方式只有三种，即性传播、血液传播、母婴传播。目前，随着医学技术的发展，母亲把艾滋病病毒传染给新生儿的概率大大减少，通过静脉注射吸毒和血液交换的方式传播艾滋病病毒的比例也大大减少，而性传播成为主要的传播方式。

对于处于青春期的我们来说，掌握科学、健康的性知

1.血液传播

2.性传播

3.母婴传播

识非常重要。青春期是每个人都要经历的成长时期，性健康与生理健康、心理健康互相联系、互相促进。科学的性健康知识，要从学校、老师、家长等正规渠道获取，也可以从政府、教育部门或专业机构的网站、公众号等渠道获取，千万不要从黄色网站、非法印制的书籍或者通过"翻墙"等途径获取，更不要到未成年人不得进入的酒吧、歌厅等娱乐场所去接触烟、酒甚至毒品及一些貌似亲切，实则怀有不良意图的人。

从心理发展的角度讲，处于青春期的我们自我表现愿望强烈，自我控制能力相对较弱，如果把握不好行为边界，或者受到不良诱惑，极有可能做出不理智的举动，包括身体的亲密接触或者性行为。国家卫健委发布的《中国青少年健康教育核心信息及释义》指出，过早发生性行为、早孕或人工流产，会对青少年身心造成极大伤害。不安全的性行为可导致感染艾滋病、梅毒、淋病等性传播疾病。所以，青春期的我们，要用丰富的文化、体育活动充实我们的生活，要用理智控制我们的行为，无论男生还是女生，都不要被充满吸引力的莫名诱惑所吸引。同时，切勿接受陌生人士的邀请，不要轻易随陌生人或者朋友的朋友前往娱乐场所，甚至去对方的住所进食、住宿、娱乐，否则极有可能成为对方的猎物，导致自己的身心受到伤害。

随着科学技术的发展，相信在不久的将来，艾滋病终将被人类所攻克。在艾滋病被攻克之前，积极有效地预防艾滋病，是我们保护好自身安全的最有效工具。作为青少年的我们，从小学习预防艾滋病的知识，养成健康、文明的生活习惯，培养积极向上的心态，不仅能够远离艾滋病、毒品、烟酒等的伤害，还能够为我们今后的成长打下良好的基础。修剪过的树木才会更加茁壮，而被修剪掉的枝杈就是那些阻碍、影响我们成长的不良诱惑、危险行为、失控的欲望和负面的心态。

装进锦囊的智慧

1. 艾滋病的传播途径中，性传播是主要传播途径，而青年学生病例以同性性传播为主，占82.5%。

2. 艾滋病的传播方式只有三种，即性传播、血液传播、母婴传播。

3. 无论男生还是女生，都不要被充满吸引力的莫名诱惑所吸引。切勿接受陌生人的邀请，轻易随陌生人前往娱乐场所，甚至是去对方的住所进食、住宿、娱乐。

4. 每年的12月1日是"国际艾滋病日"，成为"红丝带"志愿者是青少年时期最美好的人生经历之一。

第四章

学会 10 个自护技能，勇敢应对身心伤害

遇到地震怎么办？

自护技能 1：地震避险

2008 年 5 月 12 日 14 时 28 分 4 秒。四川省阿坝藏族羌族自治州汶川县发生强烈地震，根据中国地震局数据，5•12 汶川地震的面波震级为 8.0 级，地震波及大半个中国以及亚洲多个国家和地区，地震严重破坏地区约 50 万平方千米，其中，极重灾区共 10 个县（市），较重灾区共 41 个县（市），一般灾区共 186 个县（市）。5•12 汶川地震是中华人民共和国成立以来破坏性最强、波及范围最广、灾害损失最重、救灾难度最大的一次地震。

地震是自然界最严重的灾害，也是发生最频繁的灾害。有关资料显示，全世界每天发生上万次地震。地震不仅造成房倒屋塌，还会导致火灾、泥石流等次生灾害。同时，地震还会给人们带来严重的心理创伤，长期影响人们的心理健康和正常生活。因此，学会地震避险逃生技能，对每个人都很重要，尤其是我们青少年。虽然并不是每一次地震都会给人类带来灾难，但一次灾难性的地震可能给我们带来百分之百无法挽回的伤害，因此学会在地震中逃生避险的技能，对我们每个人都非常重要。

关于地震中逃生避险的技能并不完全一致，分歧主要集中在两个方面：地震来临时我们应该先跑还是躲。地震过程中，我们应该躲在课桌（床）下还是躲在课桌（床）边。

有一个生命三角理论：地震发生后，房倒屋塌，但是在倒塌的建筑物中，还会有坚固物体支撑起来的生存空间，如果躲在这些空间，人就有可能生存下来。

实际上，真正能够对人类造成严重危害的地震，全世界每年大约有一二十次，像汶川这样特别严重的地震，每年大约有一两次。所以地震过程中，最重要的避险方式是就地躲避，可以将书包、枕头、书本等物体放在头上，防止屋顶的灯具等物品砸中头部，如果周围有课桌、讲台或者底层有空间的床具，要迅速躲在课桌下、讲台下、床下，抓牢桌腿或床腿，保持重心稳定，等待地震停止后迅速撤离到安全场所。记住：此时的课桌、讲台、床是保护我们头部免遭坠物砸伤的最有效工具。

发生地震时，是应该先往外跑，还是应该先就地躲避呢？有一部电影叫《唐山大地震》，电影的主人公有一句台词"小地震不用跑，大地震跑不了"。意思是震级较小的地震最好不要往室外跑，因为房屋建筑物并不会倒塌，而在跑动过程中可能会被坠落的物品砸伤，因此要迅速在室内找合适的地方躲避。如果是在家中，要迅速到卫生间躲避，因为卫生间空间较小，管道密集，容易形成避险空间。而大地震发生时一旦向室外跑，很可能被坠落的物品砸伤头部，而且晃动的地面会让人跌倒，更容易发生踩踏事件。所以发生地震时，除非你所在的位置紧邻出口，就地躲避是避险的最佳选择。

　　我国古人在地震逃生避险方面已经总结出一套很好的经

验。明朝进士在《地震记》中写道，"卒然闹变，不可疾出，伏而待定，纵有覆巢，可冀完卵"。可见古人的经验与现代的不谋而合。

地震虽然可怕，但人们面对地震并非束手无策。我们每个人都要学习防震减灾知识，做好地震预防工作。比如，要认真参加学校组织的紧急疏散演练，不要把紧急疏散演练当成游戏；家中要常备防灾用品，如能够长期保存的食品、饮用水、急救药品、防毒面具、逃生绳、求生哨、手电、蜡烛等，并把这些物品装入一个"家庭应急包"，以备不时之需；要知道紧急疏散后离我们最近的安全地点在什么位置，一般来说，如果楼高 90 米，那么最少也要离楼 120 米以外才相对安全。撤离出来后，要蹲或坐在地上，保护好头部，防止发生余震时跌倒和房屋倒塌后飞溅的砖石伤及自己。

震后除了要做好灾区恢复重建外，预防因地震产生的心理问题、心理疾病同样非常重要。灾后各类心理问题、应激障碍等可能会持续很长时间。因此，一旦发现自己有心理问题，应及时通过专业心理机构、精神卫生医院进行诊疗。平时要对自己的心理进行必要的调整，如多参加集体活动，保证充足的睡眠，多和老师、家长、同学沟通，培养坚韧向上的心理品质等。

"地震无情人有情。"地震等自然灾害虽然可怕，但是我们有伟大的祖国，有英勇无畏的应急救灾人员和解放军战士，就一定能战胜自然灾害。灾难会让我们成长，每一次历经灾难都会让我们更加勇敢、坚强。只要站起来的次数比摔倒的次数多一次，胜利就属于我们。

装进锦囊的智慧

1. 地震是自然界最严重的灾害，也是发生最频繁的灾害，不仅会威胁人们的生命安全，还会给人们带来严重的心理创伤，长期影响人们的心理健康和正常生活。

2. 要认真参加学校组织的紧急疏散演练，不要把紧急疏散演练当成游戏，每一次演练都是对自己生命的一次保护训练。

3. 地震后一旦发现自己有心理问题，应及时通过专业心理机构、精神卫生医院进行诊疗。

互动空间

1.进行家庭紧急疏散演练。周末的时候，和家长一起进行一次紧急疏散演练。找一找家庭周围哪些地方相对安全，计算一下从家中撤离到安全场所的时长。想一想，在没有灯光的情况下，很多人一起进行紧急疏散时应注意什么？

2.制作家庭应急包。和家长一起，参考本文提到的应急物品，想一想，有哪些物品可以放在家庭应急包中？应急包制作好后，放在家中什么地方最合适？

2 游玩时出现了拥挤情况怎么办？

自护技能 2：拥挤踩踏现场自护

　　拥挤踩踏事件是严重的人为灾难，在人员密集的情况下很容易发生。学校是我们学习和生活的主要场所，如果缺乏安全意识和自我防护技能，同样会发生这种惨剧。2005 年 10 月 25 日，某小学晚自习下课后，一群学生刚走出教室，照明灯就熄灭了。此时，一个学生恶作剧，大喊"鬼来了"，学生们都争着向楼下奔跑，导致楼道拥挤和同学摔倒，最终造成 7 名学生被踩死、5 人重伤、13 人轻伤的惨剧。2006 年 11 月 18 日晚，某中学初一年级学生刚上完晚自习，一个同学在楼梯上蹲下系鞋带，后面的同学不知情还在向下走，于是发生了踩踏，造成 6 人死亡、39 名学生受伤。

　　拥挤踩踏事件我们听到的很多，上面两个事件发生的直接原因，一个是有学生在晚自习下课时恶作剧，一个是在人员密集的时候蹲下系鞋带。一个貌似不经意的玩笑，一个不经意的动作，就酿成了悲剧，这些教训值得我们每一个人汲取。如果我们平时有意识地增强安全防范意识，掌握一些拥挤踩踏事件发生时的自护技能，就能远离危险，最大限度地保护好自己的安全。

拥挤踩踏事件是由多种因素造成的。一是特定的时间。在校外，节假日发生拥挤踩踏事件的概率更大，例如，2022年10月29日，是西方的"万圣节"，当天晚上，韩国首尔龙山区梨泰院地区发生了大规模踩踏事故，造成154人死亡。在校内，下课的时候、老师不在的时候、集体外出活动的时候、上下操的时候、恶作剧的时候，这些时间点发生拥挤踩踏事件的概率比较大。二是特定的地点。如狭窄的通道、出入口、楼梯拐弯处，以及人员密集的电影院、剧场、体育馆等。三是特殊的场景。如上下楼梯、聚集性活动、商场促销、群体恐慌等。一旦三种因素同时发生，再加上日常安全制度落实不到位，人员安全意识缺失，就很有可能发生拥挤踩踏事件，还可能因高处坠落造成人员伤亡。

安全意识是我们的"护身符"。如果我们去人员密集的场所，首先要做好防范，比如，穿轻便的衣服，系紧鞋带，脖子上不要有缠绕物，最好结伴同行，等等；到达我们要去的场所后，可以先看看逃生通道、安全出口在什么地方，尽量远离人员密集的地域、狭窄的通道等。同时，做到"三不停"：楼梯、滚梯左侧不能停，狭窄的通道不能停，门口不能停。

一旦发生拥挤踩踏事件，我们又身处其中，如何保护个人安全呢？

如果不幸被裹挟在人群中，我们要记住这几点：要镇定、别绊倒、靠墙壁、稳重心。我们没有成人那样高大，在拥挤的人群中很难被别人看到，当别人向我们拥挤过来，会对我们造成致命的伤害。所以我们一定不能蹲下，一旦蹲下很容易被人挤倒踩踏！要尽量靠近墙壁，抓住牢固的物品，保持重心稳定，如果没有可抓握的地方，就抓住身边的成年人，让他帮助我们。

要和大多数人的前进方向保持一致，不要试图超过别人，更不能逆行，要听从指挥人员的口令。同时，两手抓住自己另一侧的肩部，双臂做支撑状，给自己留出呼吸的空间。

万一我们倒地了，要将十指相扣放在颈后，肘关节向前，护住太阳穴，膝关节尽量贴近胸部，侧卧在地，身体蜷成球状以保护身体最脆弱的部位，最好面向墙壁背朝人，这样做能够最大限度地保护身体的要害部位。

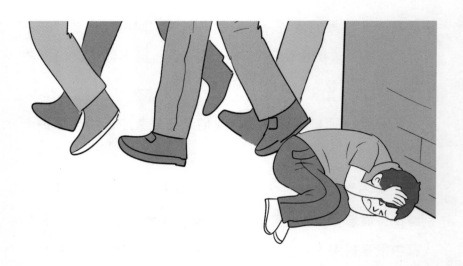

　　其实，任何一项自护技能的养成都是平时良好习惯的积累。平时我们要做到按规则上下楼梯，在人员密集的场所不起哄、不恶作剧，在公共场所讲秩序，遇到矛盾谦让包容，在校内认真参加学校举办的紧急疏散演练，服从老师和工作人员的现场指挥，从而养成良好的安全自护习惯，提高个人的文明素养。

装进锦囊的智慧

1. "三不停"是指楼梯、滚梯左侧不能停，狭窄的通道不能停，门口不能停。

2. 在拥挤现场一定不能蹲下，即使东西掉在地上、鞋被踩掉。

3. 在拥挤现场双臂要环抱在胸前并撑稳，让自己能够呼吸。

4. 万一被挤倒，身体要蜷成球状以保护头、心、肺等最脆弱的部位。

5. 任何一项自护技能的养成都是平时良好习惯的积累。

3 遇到了车祸怎么办？

自护技能 3：车祸自救

2021 年 6 月，《中华人民共和国未成年人保护法》修订案正式实施，修订后第十八条规定："采取配备儿童安全座椅、教育未成年人遵守交通规则等措施，防止未成年人受到交通事故的伤害。"首次将防止未成年人交通事故以国家法律形式予以确立。中国疾病预防控制中心发布的《中国青少年儿童伤害现状回顾报告》显示，道路交通伤害是我国 1 ～ 14 岁儿童的第二位伤害死因，据统计，学龄前儿童与小学生群体因交通事故的死亡人数每年超过 1000 人，受伤 7000 余人。

车祸，是现代社会的严重公害。交通部门统计资料显示，我国每年交通事故死亡人数约 11 万人，其中，14 岁以下儿童死亡人数超过 1.85 万名，位居世界第一。作为青少年的我们，从小学习预防交通事故的相关知识，掌握一定的车祸自救技能，对我们具有重要意义。

车祸造成的伤害主要包括减速伤、撞击伤、碾挫伤、挤压伤及跌伤等。每一种伤都可能致死。避免车祸发生的最重要措施就是遵守交通规则，做好安全防范工作。为什么青少年交通事故频发呢？

首先，青少年正处于思想和行为发展的关键阶段，对危险的认知能力尚未完全成熟，无法及时发现交通安全隐患，比如，有的青少年在车辆后面玩耍，不知道在司机的视线范围内，车辆是有盲区的。一些青少年缺乏交通安全意识，在马路上骑自行车横冲直撞，有的青少年未满 16 周岁就驾驶电动车，这些行为都是导致车祸发生的原因。另外，在道路上行走时看手机、戴耳机听音乐，骑自行车或者滑板时乱穿马路，漠视交通规则，都是青少年发生交通事故的原因。

目前，我国大约每 1.8 个家庭拥有一辆汽车，私家车出行已成为中国家庭的常见出行方式，在儿童乘员死亡中，以乘坐机动车为主，占儿童交通伤害死亡总数的 30.7%。乘坐私家车时，首先应遵守交通规则，不能将自己的身体暴露于车外，同时，不要干扰驾驶员的注意力。如果发现驾驶员疲劳驾驶，应该适时提醒驾驶员及时休息，注意保持清醒状态。其次，头盔和安全带是保护我们安全出行的两个重要武器，乘车时系好安全带，骑自行车、电动车时戴好头盔，佩戴高质量头盔能够有效减少头部伤害，可将死亡风险降低 40%。车辆发生正面撞击时，系了安全带可以使死亡率减少 57%；翻车时，可以使死亡率减少 80%。要注意的是，幼儿乘车时应使用安全座椅，不可使用成人安全带。

一旦遭遇车祸，青少年由于缺乏经验和应急处理能力，会面临更大的危险。因此，平时学习积累一定的安全自护技能，学会自我保护的方法，在危险发生的时候，就能最大限度地保护自己的生命安全。

一旦发生车祸，人会感到恐慌和无助，这时需要保持冷静，不要轻举妄动。

首先，应迅速评估自己的伤势，如果受伤不严重，应保持镇定，等待救援；如果伤势较重，不要挪动自己的身体，以免造成二次伤害，要请周围的人及时进行止血包扎，尽量通过手机或呼喊寻求帮助，及时报警和拨打 120，专业人员将迅速赶到现场提供帮助。注意，禁止给伤员饮水和其他饮料。

其次，保护好现场，保持现场的原始状态，包括车辆、人员和遗留的痕迹、散落物，不要随意挪动位置。

再次，如果我们是经过培训的急救人员，具备一定急救技能，在保证自身安全的前提下，可以为其他伤者提供基本的急救帮助。

最后，发生车祸时，如果车辆严重受损，不排除发生火灾或其他各种危险的可能。因此，我们要远离可能进一步引发危险的区域，如油箱或动力系统等。同时，如果事故发生在高速公路等交通繁忙的地方，应尽量选择安全的地方等待救援，避免被其他车辆撞击。

车祸是可怕的。避免车祸的最有效方法就是从小增强安全意识，遵守交通法规，珍爱生命，千万不要让生命之花在最美的年华受到摧残。

 ## 装进锦囊的智慧

1. 从小学习预防交通事故的知识，掌握一定的车祸自救技能，对我们具有重要意义。

2. 车祸发生后禁止给伤员饮水和其他饮料。

3. 再说一遍：遵守交通法规，珍爱生命，千万不要让生命之花在最美的年华受到摧残。

4 被坏人绑架了怎么办？

自护技能 4：应对绑架

　　某天下午 4 时许，11 岁的小学生强强在回家的路上被一男子拦住，说受强强父亲之托来接强强回家，遭到强强的拒绝，后被男子强行推至车上，手脚均被捆住，眼睛也被蒙住。在此过程中，强强想起了在"星光自护"训练营中学到的安全知识，他并没有和歹徒进行对抗，而是把自己爸爸的电话号码告诉了歹徒。歹徒与强强的爸爸取得了联系，并商定了赎金的数量。然后歹徒把强强锁在一个山区的房间内，自己去取赎金。强强在歹徒离开的时间里，挣脱了手上和脚上的绳索，用头部顶开了窗户的把手，大声向外呼喊，终于被路人发现而得救。

　　绑架是一种严重和极其危险的犯罪行为，无论是对被绑架者本人还是对其家庭来说，都会带来极大的伤害。青少年作为歹徒勒索钱财的工具，更容易成为绑架案件的目标。所以，我们应该了解预防绑架犯罪的基本知识，以及在绑架现场应对歹徒的基本策略和方法。

一般来说，遭遇绑架主要有两个原因。一是我们的父母在社会上得罪了某些人，或者是欠了某些人的钱，于是有些人就以绑架孩子的方式强迫欠债者还钱；二是"露富"，如父母或者自己炫富，经常在朋友圈晒名车、豪宅、名牌运动鞋，不注意保护自己的隐私信息，引起了不法分子的关注。一般来说，刑事犯罪分子绝大多数谋的是财，而绑架犯罪除了谋财，在谋财成功或者失败后，还可能杀人灭口，以求得犯罪行为不会败露。

遭遇绑架后，我们首先要保持冷静。恐惧和紧张很容易让人失去理智，只有冷静下来才能思考并采取正确的行动。比如，千万不要大哭，当身边没有可以求助的人员时，一定不要大声呼救。可能的情况下，注意观察周围的环境，注意一下歹徒胁迫我们去往的方向、地点，在绑架现场留下自己

的物品，观察歹徒的人数、携带的凶器、相貌、口音等。

其次，要"配合"歹徒。所谓"配合"，是指不能和歹徒发生面对面的搏斗，不能激怒歹徒。因为实施绑架的歹徒绝大多数是亡命之徒，他们身上带有凶器，一旦与之搏斗或激怒歹徒，歹徒很可能使用凶器，让我们遭受更严重的伤害。所以当歹徒向我们提问的时候，我们要把真实的信息告诉歹徒。比如，歹徒问家长的电话号码，一定要把真实的电话号码告诉歹徒，让家长及时了解到真实的情况；当歹徒要绑你的手时，尽量伸出双手让歹徒把你的手绑在身体前面，因为这样逃脱的概率更大。

再次，要装"痴"。所谓装"痴"，就是要表现出天真、幼稚的样子。当歹徒觉得你不聪明、不机灵，就可能放松警惕。比如，不要哭，不要表现出思考的样子，而是要吃、要喝、要玩具，要和歹徒玩游戏，不把歹徒当坏人，尽量使歹徒放松警惕性并得到歹徒的宽容，这样就可能寻找机会逃生。

又次，要寻机发出求救信号。比如，在不被歹徒发现的情况下，悄悄用文字、表情、手势等发出求救信号，使自己尽快脱离困境。

最后，尽管我们掌握了应对绑架的办法，但也不能忽视预防绑架的重要性。我们应该尽可能地避免前往具有潜在危险的区域，如偏僻的地方或者没有安全保障的场所；上学或放学的路上尽量结伴同行，绝不接受陌生人的物品，绝不上陌生人的车辆。即使是熟人，我们也要保持一定的警惕性。不在朋友圈暴露自己真实的姓名、相貌、家庭住址，不炫耀自己的财物，我们还应该让家长和学校及时了解我们的行程，遇到危险情况及时报告家长、学校或者报警。

绑架罪是最严重的暴力犯罪之一，是以勒索财物或满足其他不法行为为目的，使用暴力、胁迫或者麻醉方法劫持或以实力控制他人的行为。我们作为青少年，当面对这种严重的不法侵害时，要用自己的智慧、勇气和正确的策略保护自己的安全，切不可惊慌失措。

 装进锦囊的智慧

1. 不要"露富"，不要随意暴露自己的个人信息。

2. 80%的绑架案是"熟人"实施的，所以要对所谓的"熟人"保持一定的安全自护意识。

3. 绑架过程中，"装痴"胜过"装聪明"。

4. 智慧和正确的策略是保护自己的第一武器。

5 与人发生了矛盾，是据理力争还是委屈地咽下这口气？

自护技能 5：学会宽容

　　大牛是班里的体育委员，小雅是美术课代表，两个人家在同一个小区，有时还一起上学。这几天，电视台正在热播连续剧《林海雪原》。一天早上，小雅戴着妈妈刚给她买的漂亮发卡，兴冲冲地走进教室。大牛看到后，突然说了一句："看，蝴蝶迷，最新版！"话音刚落，班里立刻响起一阵哄堂大笑，小雅满脸通红。从那之后，小雅即使在小区里碰到大牛，也总是扭过脸，不愿和他说话。

　　美术作品征集活动开始了，小雅也投了稿。没过几天，班主任高兴地宣布，小雅获得了全市比赛的一等奖，全班同学都把掌声送给了小雅。大牛突然站了起来，大声说："小雅是全校最棒的，我们班将来肯定会出一个大画家！"小雅的脸又红了。

　　放学后，小雅主动找到大牛说："大牛，对不起，我很久没有理睬你，我向你道歉。"大牛有些疑惑地愣了一下："是啊，我一直很奇怪，为什么我们最近见面都没有交流过呢？"小雅解释道："因为你一直称呼我为'蝴蝶迷'，让我感到心里不舒服。"大牛恍然大悟："啊？是这么回事呀，都怪我口无遮拦，以后我要是再这样，你就直接批评我，千万别闷在心里啊！""不怪你，是我宽容度不够，以后我也要改正自己的不足。"从此以后，他们又成了好朋友。

"海纳百川，有容乃大；壁立千仞，无欲则刚。"这是民族英雄、清末政治家林则徐的一副自勉对联，意思是海之所以大，是因为能够容纳千百条江河的水，山之所以刚毅巍峨，是因为专注于自身的成长，没有过分的欲望和杂念。

宽容是人类文明进步的基石之一。一个宽容的社会能够容纳不同文化、种族和价值观念存在，使社会更加多元化和更具包容性。正是因为宽容，不同的观点和意见才能相互交流与碰撞，从而推动科学、文化和社会进步。宽容是一种优良品质，意味着从别人的角度去思考问题，也意味着自己拥有更多思考问题的理性、与人交往的友善性、自我心理状态的可控性。对青少年来说，学会宽容，可以更好地理解和接纳不同的事物、不同的人，从而更有效地适应多元化的社会，培养出关怀、支持和理解他人的品质，与更多的人保持良好的人际关系，也为自身今后的成长预留足够宽广的心理空间。

那么，如何培养宽容心呢？

第一，要认识到每个人既有优点，也有缺点和不足，既要能够接纳对方的优点，也要能够接纳对方的缺点。

第二，同理心是宽容心的基石。多进行换位思考：如果我是对方，我会怎么想？去感受和体验别人的内心世界和情绪变化，就会对别人的行为和思想有深入的理解。

第三，尊重身边的每一个人，不要轻易给别人下定义、贴标签。不要仅通过一句话、一件事就轻易对所接触的人下结论，你不喜欢的人也许今后是你最好的朋友。

第四，除了宽容别人，也要学会宽容自己，不要让过去犯的错误、经受的挫折成为自己前进路上的绊脚石，要丢掉心里的包袱，轻装前进。

第五，多向为国家和民族作出过重大贡献的英雄人物、英雄模范学习，多学习科学文化知识，开阔心胸，拓宽视野，就像一则广告所说的"视界，决定世界"。

第六，面对冲突和不公正时，我们应该冷静思考，寻找解决问题的办法，而不是盲目地进行心理阻抗和采取报复的行为。通过理性思考解决问题，能够促进和谐人际关系的形成和冲突事件的顺利解决。

学会宽容，要从身边的一件件小事做起，不斤斤计较，不耿耿于怀。但是，宽容不等于纵容，也不等于放弃底线。对于以下这些事情，我们是绝对不可以宽容的。

首先，对于违反法律和道德，对国家、集体和他人的利益造成危害的人或事，我们绝不能宽容，一旦发现，要及时报警或向有关人员报告。

其次，对于不利于我们成长的价值观念、流行时尚，我们不能宽容。比如，有些同学经常说的躺平、摆烂、当网红、佛系等想法，文身、吸烟、吸食毒品和笑气等行为，一旦走进我们的头脑，或者成为我们崇拜的行为，会对我们的成长造成负面影响。

最后，对于我们自身存在的缺点、不足，不能宽容。如好逸恶劳、贪小便宜、屡教不改、不讲信誉、骄傲自满、缺乏自信等，一旦对这些行为予以宽容，就会成为我们终身的短板，并影响今后自己成长的高度、品行的纯度。

宽容是把双刃剑。有一位名人曾经说过："宽容，要么对人有益，要么对人有害。"学会宽容对于我们个人的成长具有重要意义，但是对谁宽容、对什么事宽容，如何把握宽容的度，对我们是一个考验。只有学会宽容，才能真正成为有责任

感、有担当的新时代青少年，才能为社会的发展进步贡献自己
的力量。

 装进锦囊的智慧

1. 学会宽容，能够为今后的成长预留足够宽广
的心理空间。

2. 宽容不等于纵容，也不等于放弃底线。

3. 对谁宽容、对什么事宽容，如何把握宽容的
度，对我们是一个考验。

如果有人触碰身体，该怎么办？

自护技能 6：防范性侵害

　　小敬（化名），女，15 岁，通过上网聊天认识了犯罪嫌疑人，认识不到一周就被骗到酒店，遭到性侵。事件发生后，因怕别人知道，小敬没有去报警，始终处于抑郁状态，也没心思上学。在家长的反复询问下，小敬才将事情告诉了家长。家长选择了报警。

　　性侵害是指加害者以威胁、权力、暴力、金钱或甜言蜜语，引诱胁迫他人与其发生性关系，或在性方面造成对受害人的伤害的行为。性侵害涉及各种非意愿的性接触和被强迫的性行为，包括强制性交、强迫亲吻、性骚扰、性虐待等。性侵害会对受害者造成身心伤害，给受害人带来终身的心理阴影，影响受害人一生的幸福。

　　对未成年人的性侵害是严重的犯罪行为。《中华人民共和国刑法》第二百三十六条规定，以暴力、胁迫或者其他手段强奸妇女的，处三年以上十年以下有期徒刑。奸淫不满十四周岁的幼女的，以强奸论，从重处罚。另外，《中华人民共和国未成年人保护法》第五十四条明确提出禁止对未成年人实施性侵害、性骚扰。

学习预防和应对性侵害的策略及方法是保护自身安全与健康的重要内容。青少年自护教育专家在梳理了大量未成年人受性侵害案件的基础上，总结出以下 10 个预防和应对性侵害的方法。

第一，泳衣遮盖的地方不许别人触摸。这是世界上很多国家对未成年人提出的自我保护建议。对于我们身体的隐私部位，除非因医疗、身体检查等特殊情况且监护人员或现场工作人员性别恰当时，其他情况下绝不允许任何人触碰，不论是我们的亲友、长辈，还是我们的老师、同学等。

第二，不与异性有亲密举动。一旦与对方发生拥抱、接吻等亲密行为，对方有可能无法控制自己的行动，进而导致我们不希望发生的事情发生。

第三，要坚决对肢体接触、身体摩擦、语言挑逗等说"不"。如果在公共场所遇到肢体接触、身体摩擦、语言挑逗等行为，要坚决果断地用语言或行动拒绝，及时制止对我们的骚扰。

第四，警惕身边的"熟人"。绝大多数实施性侵害的人都是我们身边的熟人。因此，对熟人也要有自护意识，不允许他们在肢体接触或者语言交流上越过尊重与安全的红线。

第五，遇到侵害要呼救。要积极寻求帮助，求助周围人制止不法侵害行为。呼救时一定要注意现场的情况，如现场周围没有人或对方持有凶器，呼救有可能导致犯罪升级，造成更严重的伤害。

第六，如果性侵犯发生，应该迅速报警。只有让不法分子受到法律的严惩，罪恶的魔爪才不会再次伸向我们或伸向其他更多的人。

第七，遭到性侵害后要保留物证。尽量不破坏现场。不法分子现场留下的毛发、体液、随身用品等，都可以成为法庭上的有力证据。

第八，遭到性侵害后要寻求心理援助。除了对身体进行检查外，一定要寻求心理专业人员的心理支持与辅导，使我们尽快摆脱心理阴影，回归正常生活。

第九，越是软弱越危险。对于性侵害行为的宽容会让对方得寸进尺，软弱的退让换不来对方的收手。一定要及时通过正当、合法的手段维护自身的合法权益。

第十，你不应该是受到谴责的人。即使我们受到性侵害，受到谴责的也应该是实施侵害的人，作为未成年人的我们，需要的是保护与帮助，而不是歧视与谴责。

对于性侵害，我们还要知道，不只是女生会受到性侵害，从近年来的性侵害案件看，男生也会是性侵害的受害者，施害者不仅有男性也有女性。因此，关于预防和应对性侵害的知识，女生和男生都要学习，这样才能为自己的安全与健康筑起一道坚固的防线。

装进锦囊的智慧

1. 性侵害会造成身体和心理上的双重伤害，作为未成年人，一定要学习和掌握预防和应对性侵害的知识。

2. 一定要通过合法的手段维护我们的尊严与合法权益，绝不能让侵害者逍遥法外。

3. 无论遇到什么样的侵害，永远要记得生命第一，其他次之。

7 校园里出现意外时如何正确提供帮助？

自护技能 7：校园急救及 AED 使用

　　某日早 8 点 50 分，一名高一男生在学校跑操时突然倒地。学校的师生们迅速反应，立即呼叫校医。为了避免踩踏，老师立即组织学生绕开，并且不让他们围观。两名校医第一时间带着急救箱赶到现场。8 点 51 分，一名校医拨打了 120 急救电话。同时，另一名校医检查发现这名男生呼吸困难，拍击他的肩膀但没有反应，也没有呼吸和脉搏。于是，他立即开始进行胸外按压，并请旁边的老师去医务室外墙取 AED（自动体外除颤器）。

　　校医在 8 点 56 分收到 AED，立即打开设备并按照提示完成一次电击除颤。之后，在 AED 的指引下，他继续进行心肺复苏。8 点 59 分，倒地的男生的心跳和呼吸恢复，并且有了一点意识。9 点 01 分，男生恢复了意识并睁开了眼睛，声称自己没有问题。此时，他的血压和心率都恢复正常，急救成功！

作为学生，我们正处于身体发育和学习成长的关键时期，因此更容易受伤。在校园中进行急救处理的正确性直接关系到伤者生命的延续。因此，急救处理对于我们至关重要。

　　校园急救不仅是一门知识，更是一种技能。校园急救员需要具备对伤员进行初步救治及处理各种急性伤害和突发疾病的能力。生活中的意外伤害，可能因为一次正确的急救处理而避免更大的伤害。因此，我们应该进行急救知识的普及学习。

　　曾有一篇报道讲述了一个青少年在游泳馆救了一个溺水者的故事，这个故事反映了校园急救和 AED 使用的重要性。当时，这个青少年在游泳馆游泳，突然听到深水区有人求救。他迅速采取了正确的急救步骤，先拉出了溺水者，然后进行了

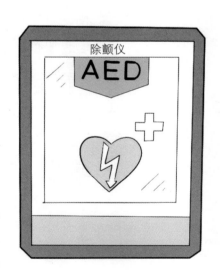

人工呼吸和心脏按压。幸运的是，在急救措施下，溺水者恢复了呼吸和心跳。这个案例表明，正确的急救处理方法是可以掌握的，即使是一个青少年也能胜任。

我们每个人都应接受急救知识的培训，包括骨折处理、止血方法、心肺复苏和人工呼吸等。这些技能不仅可在校园生活中派上用场，也能在日常生活中派上用场。

除了普及急救知识，我们还需要关注自动体外除颤仪（AED）的使用。在心搏骤停的情况下，AED是至关重要的设备，它通过施加心脏电击来恢复心跳和呼吸。然而，正确使用AED对救助者的要求很高，因此学校应确保提供足够数量的AED设备，并为学生和教职员工提供培训和指导。发生心搏骤停的紧急情况时，经过专门培训的人员能够迅速有效地进行操作，从而最大限度提高生命抢救成功的机会。

当发生心搏骤停时，心脏无法向大脑输送含有氧的血液。短时间内，脑组织会因缺血缺氧而坏死。如果在最短时间内实施急救，1分钟内抢救成功率大于90%，4分钟内抢救成功率降至50%，超出这个时间，脑细胞将承受不可逆转的损害，死亡风险极高，因此被称为"黄金4分钟"。在实际场景中，急救人员很难在4分钟内赶到现场，AED的存在便让患者在"黄金4分钟"内被实施急救变为现实。

什么是 AED？

AED 是自动体外除颤仪。它可以自动分析患者心律，识别是否为可除颤心律。如为可除颤心律，AED 可在极短时间内放出大量电流经过心脏，以终止心脏所有不规则、不协调的电活动，使心脏电流重新自我正常化，被誉为心搏骤停患者的"救命神器"。

AED 使用方法

1. 开启 AED

打开包装，取出 AED，打开电源开关，按照语音提示操作。

2. 成人电极片贴放位置

根据 AED 电极片上的图示，将一片电极片贴在患者裸露胸部的右上方（胸骨右缘，锁骨之下），另一片电极片贴在患者左乳头外侧（左腋前线之后第五肋间处）。注意一定要将电极片平整地贴在患者干燥裸露的皮肤上。

3. 接入电源

AED 可以自动分析患者心律。AED 分析心律时，施救者语言示意周围人不要接触患者，大声呼喊"请不要接触患者"，等待 AED 分析心律，判断是否需要电击除颤。

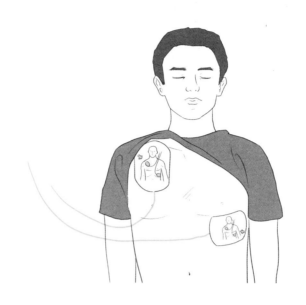

4. 电击除颤

如果 AED 建议除颤，需要再次确认所有人员均未接触患者。待 AED 完成充电后，按下"电击"按钮放电或 AED 自动放电除颤。如果 AED 提示不需要电击除颤，如有必要，应立即实施心肺复苏术。

5. 除颤后继续进行心肺复苏

电击除颤后，立即继续实施心肺复苏。2 分钟后 AED 会再次自动分析心律，确定是否需要继续除颤。如此反复操作，直至患者恢复心搏和自主呼吸，或者专业急救人员到达。现场施救者不要关机，不要摘除电极片，应随患者一同送医。

校园急救及 AED 使用是非常重要的，通过参与各类急救培训活动，我们可以了解与急救相关的知识，提高应对突发情况的能力。在培训过程中，我们会学到心肺复苏、止血、骨折固定等基本急救技能，这些技能具有广泛的适用性，不仅可以在校园中发挥作用，还可以在日常生活中拯救他人的生命。通过实践操作和模拟训练，能够更好地掌握这些技能，提高应对紧急情况的自信心。

 装进锦囊的智慧

1. 我们每个人都应接受急救知识培训，这些技能不仅可在校园生活中派上用场，也能在日常生活中派上用场。

2. 如果在最短时间内实施急救，1 分钟内抢救成功率大于 90%，4 分钟内抢救成功率降至 50%，超出这个时间，脑细胞将承受不可逆转的损害，死亡风险极高，因此被称为"黄金 4 分钟"。

在重组家庭中如何保护自己？

自护技能 8：多交流、不指责

晓飞今年上六年级，生活在一个再婚家庭。晓飞 9 岁的时候，父亲和母亲离婚了，晓飞和母亲一起生活。后来，一个当教师的叔叔走进了这个家庭，成了他的继父。刚开始，晓飞很不适应。后来，他感觉这位叔叔很热心，经常在学校门口等待放学的晓飞一起回家，渐渐地，两个人成了好朋友。继父过生日那天，晓飞用自己的零花钱给继父订了一个蛋糕，继父和妈妈别提多高兴了。

父母离异代表着一个小家庭的解体，无论他们是体面地分开，还是经历了种种不堪，这个曾经的家庭中的每一名成员，不管是父母还是孩子都必然会经历一些丧失。而父母再婚标志着一个新家庭的成立和家庭生活的新起点。父母有再婚的权利，而作为新家庭中的我们，面对陌生的继父（母），或者还有和继父（母）一起来的哥哥（弟弟）姐姐（妹妹），大家如何做到和谐相处呢？

进入到一个重组家庭，每个人都会有些茫然，彼此之间都有一个了解和适应的过程。作为孩子，我们此时最怕的是失去亲生父母的爱，最希望得到的是继父（母）对自己的尊重、理解与宽容，最不能忍受的是继父（母）对自己和对继父（母）亲生孩子的区别对待。其实，我们此时的想法与期盼，和新家庭中每一个成员的想法都是一样的。

如何才能得到继父（母）对自己的尊重、理解与宽容？如何与新家庭中的每个成员和谐相处？心理学中有个"人际关系黄金法则"，即你希望别人如何对待你，那你就如何对待别人。当我们希望获得尊重和支持的时候，首先给出尊重和支持。只要家庭成员间相互尊重、支持，彼此帮助，慢慢地就会建立信任，形成良好的情感关系，营造良好的家庭氛围。

与继父（母）包括与继父（母）的子女多进行交流是一个好办法。这种交流可以是语言上的，也可以是表情上的，交流的时候要掌握一个方法，在没有原则性分歧的时候，可以多肯定、认同、赞赏对方的观点，尽量不去指责和评判。认真倾听他们的心里话，保持足够的注意力，不轻易打断别人的谈话。毕竟，我们和继父（母）及其子女一样，都失去了原来的家庭，都希望在新的家庭中获得幸福与宁静。

我们还可以和继父（母）及其子女一起做一些家务劳动，同时，自己忙不过来时也可以请他／她帮自己一点小忙。通过相互帮助开展人际交往，可以迅速消除尴尬，拉近你们之间的心理距离并尽快熟悉起来。

我们和继父（母）或其子女在生活中出现误会的时候要如何处理？

生活中出现误会和隔膜是再正常不过的事情，每个人的经历不一样，看事情的角度不一样，思维方式也不一样，更何况是在一个重组家庭中。我们首先要接纳对方与我们的不同，

尝试站在他们的角度考虑一些问题。通过这样的方式相互理解，你们之间相处起来就会变得简单多了。而且通过这样的处理方式，会使我们变得沉稳、宽容，更懂得与人相处。

另外，在与继父（母）共同生活时，为了营造和谐的家庭氛围，请不要做以下几件事。

一是不要在自己的亲生父（母）面前指责或抱怨继父（母）或其子女，因为这样会破坏亲生父（母）与继父（母）或其子女的关系。如果在与继父（母）或其子女的交往过程中发现问题，可以通过自己的亲生父（母）进行沟通协调，但不要以"告状"的形式来解决问题。

二是不要总是在继父（母）面前谈及自己过去家庭的人或事并进行对比，因为这样做会让继父（母）在新家庭中没有尊严。

三是要做亲生父（母）与继父（母）关系的促进者，不要做亲生父母与继父（母）之间关系的阻隔者、挑事者。因为家庭中夫妻关系是第一关系，夫妻关系的融洽决定了家庭中每个人之间关系的融洽。

良好的家庭关系有利于我们身心健康成长。在重组家庭中与继父（母）或其他成员建立和谐的关系的确有一定的难度，对未成年的我们也是一个考验。但是只要我们真诚地付出，坦诚地交流，注意维护每一个家庭成员的尊严，从对方的角度看待和解决问题，从利他的角度多为家庭成员提供帮助，相信我们就会有一个温馨和谐的家庭环境，新的家庭会让我们变得更成熟、更理性。

装进锦囊的智慧

1. 要相信家庭成员美好的愿望和期盼是一致的。

2. 正确合理地解决问题。要用积极合理的方法解决家庭中出现的问题，不要以"告状"的形式或一味抱怨指责，甚至以冲突的方式来解决新家庭中存在的问题。

3. 主动维系亲生父（母）与继父（母）的关系。作为子女，要促进他们夫妻关系的巩固与发展，而非破坏与阻挠。家庭中夫妻关系是第一关系，夫妻关系的融洽决定了家庭中每个人之间关系的融洽。

父母对我们进行暴力侵害怎么办？

自护技能9：应对家庭暴力

李某（女）离婚后，长期将女儿桂某某（殁年10岁）寄养于其姨妈家中。2019年12月，李某将桂某某接回家中，与继父杨某（男）共同生活。李某与杨某时常采用打骂手段"管教"桂某某。2020年2月6日中午，因发现桂某某偷玩手机，李某、杨某便让桂某某在客厅和阳台罚跪至2月8日中午，并持续对桂某某进行体罚，其间仅让桂某某吃了一碗面条、一个馒头，在客厅地板上睡了约6小时。2月8日14时许，桂某某出现身体无力、呼吸减弱等情况，李某、杨某施救并拨打120急救电话，医生到达现场时，桂某某已无生命体征。经鉴定，桂某某系被他人用钝器多次击打全身多处部位造成大面积软组织损伤导致创伤性休克死亡。

家庭，本该是温馨的港湾；父母，本该是最疼爱我们的人。但不可否认，现实中也确实存在父母对子女施加暴力的情形。长期以来，父母对子女实施家庭暴力的事件屡屡发生。除了全社会要采取有效措施遏制家庭暴力，作为未成年人的我们，也应该学习预防和应对家庭暴力的知识与技能，保护好我们自身的安全与健康，不让家庭暴力的阴影黯淡了我们的成长之路。

《中华人民共和国反家庭暴力法》将家庭暴力界定为家庭成员之间以殴打、捆绑、残害、限制人身自由以及经常性谩骂、恐吓等方式实施的身体、精神等侵害行为。按照表现形式划分，可分为身体暴力、情感暴力、性暴力和经济控制。家庭暴力具有隐蔽性，家长和我们都不愿对外提及。所以，当未成年人成为家庭暴力的受害对象时，往往外界无法知晓和给予救助，未成年人只能含着眼泪默默忍受。而父母对你实施家庭暴力的理由往往是"我是在教育你，你是我生的，我愿意打就打，愿意骂就骂"。

如果父母具有以下特征，我们需要特别注意，如性格急躁，缺乏理智，想法偏激，控制欲强，崇尚暴力，生活中曾遭受重大挫折，成就感低，朋友较少，没有情绪宣泄的途径，喜欢吸烟、酗酒，夫妻关系紧张等。如果我们生活在父母有这些特征的高危家庭中，就要增强防范意识，不要让家庭暴力发生在我们身上。

如果你身处家庭暴力高危家庭中，要尽量做到以下几点。

1. 与父母交流要语气平和，不要激起父母的负面情绪。

2. 父母发生争吵时，尽量离开现场。

3. 在学校保持学习成绩的稳定，与同学和谐相处，不要给父母提供指责你的理由。

4. 在家中不向父母中的一方告另一方的状。

5. 多为父母做一些事情，减轻他们的生活和心理压力。

6. 当父母第一次无理由地对我们实施暴力的时候，要告诉他们，我没有犯什么错误，我是你的孩子，你应该保护我，不应该对我实施暴力，请你立即住手！

7. 如果生活在离异家庭中，要和继父（母）的孩子保持良好的关系。

家庭暴力是法律禁止的侵权行为。《中华人民共和国刑法》第二百六十条规定："虐待家庭成员，情节恶劣的，处二年以下有期徒刑、拘役或者管制。犯前款罪，致使被害人重伤、死亡的，处二年以上七年以下有期徒刑。……"《中华人民共和国未成年人保护法》第十七条第 1 项规定：未成年人的父母或者其他监护人不得虐待、遗弃、非法送养未成年人或者对未成年人实施家庭暴力。如果我们在家庭中遭遇了家庭暴力，要知道对家庭暴力忍气吞声会导致施害者持续实施暴力行为，因此，应学会运用法律武器保护自身的合法权益，及时向公安、民政等部门报告，寻求保护。

如果家长实施了严重损害被监护人身心健康的行为，我们可以向人民法院提出撤销其监护人资格的申请，或者向人民法院申请人身安全保护令，人民法院受理申请后，会在七十二小时内作出人身安全保护令或者驳回申请；情况紧急的，会在二十四小时内作出。

应该指出的是，绝大多数父母是爱自己的孩子的，只不过有些家长缺乏家庭教育的理念和方法，往往用伤害的方式表达对孩子的爱，这种爱的表达是变形的、违法的，我们一方面要理解父母对自己的良苦用心，另一方面也要用合情合理合法的手段保护自身安全，这也会促进父母法律意识的提高，让父母知道孩子是用来爱的，不是家长情绪宣泄的道具。

 装进锦囊的智慧

1.报告、报警。对家庭暴力忍气吞声会导致施害者持续实施暴力行为，长期遭受家庭暴力的同学要及时向学校、社会报告，必要时可以报警。

2.寻求法律保护。对于家庭暴力行为，我们可以委托信任的长辈或组织向当地人民法院进行起诉。人民法院受理人身安全保护令申请，不收取诉讼费用。

自护小科普

反家暴电话：12338、110

10 考试前总是焦虑不安怎么办？

自护技能10：考前心理减压

萌萌是一名初三学生。平时，她的作业经常受到老师的表扬，随堂测验成绩也都不错。但是一到期末考试，她的成绩经常不理想，做题时总是丢三落四，有时候试题都做不完。马上中考了，她非常紧张，有时候晚上睡不着觉，不知道怎么办才好。

考试前出现焦虑紧张情绪是非常正常的。我们在遇到重要事件时或在重要场合，都会焦虑和紧张。心理实验证明，适度的焦虑和紧张反而会提高专注力和效率，但过度的紧张、焦虑会影响身体健康和正常的心理状况，严重的会发展成为考前焦虑症，表现为过度的担心、紧张、烦躁和恐惧，可能还会出现睡眠障碍、心慌胸闷、恶心呕吐、身体震颤等状况，影响日常生活，甚至导致无法参加考试。作为学生，这也是我们可能会遇到的一个心理问题。

让我们来分析一下考前紧张焦虑心理产生的原因。首先，与过高的期待有关，期待越高，心理越紧张；其次，与我们对学习内容的掌握程度有关。学习内容掌握得好，自信心就强，学习基础不扎实，心里就没底，外在表现就是担忧、恐惧和焦虑；最后，与刻板印象有关。一想到以往的重要考试总是发挥失常，就会担心这次考试会不会也像过去一样，重复以往的考试表现，这种莫名的恐惧会影响正常水平的发挥。

既然我们找到了影响考试情绪的心理元凶，那么怎样克服考试前这种紧张焦虑的状态呢？

第一，要接纳它。大多数人在面临重大事件时都会出现手心冒汗、脸红心跳，甚至身体颤抖等症状，考试前有这些表现很正常，既然大家都可能会出现这种状况，与其对抗排斥，不如与紧张焦虑的心理和平共处，感受和体验它，允许它的存在，不要一出现焦虑紧张情绪就不知所措。可以和它对话，寻找平常在应对这种状况时成功的做法，不再恐惧它，让它慢慢平复，你会发现这种状态会慢慢缓解和消失。

第二，要降低自我期待。考试是对平时学习过程的集中检验，一般不会有大的起伏，因此要对考试结果有合理预期，不要期待过高，也不要失去信心而自暴自弃，要相信自己付出的努力和考试成绩总体上是对等的。越在意即将到来的考试，过度关注于假想的考试结果，我们往往就会越紧张。相反，我们把关注点放在复习的过程本身，减少对结果的预期与评估，就会发现焦虑和紧张感同时也降低了。越理性，心理就越平和，情绪相对也就越稳定。

第三，考试前要主动地做一些减轻心理压力的活动。如出门散步、慢跑、听听轻音乐，这些都有利于稳定情绪，提高睡眠质量。但运动量不要过大，否则容易产生疲劳感。

第四，要进行考试模拟练习。要把考试当成"老熟人"，平时做作业时要身临其境进入考试状态，在规定的时间内高效完成。平时紧张起来，真正考试来临，就不会那么焦虑了。另外，准备一个错题本，把学科知识的漏洞都写在上面，胸有成

竹，考试时就会有自信。

第五，考试前一天，不要睡得太晚。考试当天，要吃好早餐。进入考场后，熟悉一下考场环境，看看考试用具是否准备好了，把注意力放在试卷上，像平时做作业一样认真地去完成每一道题，遇到不会的，先暂时放一放，最后再集中攻关。注意力集中了，神经系统就会放松，紧张强度也就自然减弱了。

以上就是考试前我们进行心理放松调适的方法。由于中学时期的学习内容要显著地多于小学时期，学习压力也高于小学时期，所以进入中学后，我们要有意识地学习心理调适和心理减压的方法，比如，周末找机会和家人、朋友去登山、旅游，培养业余爱好，每天回家后多和父母交流，写家庭作业时每隔一小时跳绳 10 分钟，等等，把心理减压的功夫下在平时。考前心理调适固然重要，但就像临时抱佛脚。规律、有序的生活习惯，积极向上的生活态度，良好的人际关系才是克服心理障碍，保持良好学习状态的长久之计。

最后，让我们练习一个放松的技术：找一个舒适的姿势坐好，想象身处鲜花盛开的花园中，排空杂念，两只手放在腹部，先缓慢地呼气，尽量腾出足够的空间。然后用鼻子缓慢地吸气，直到无法吸入为止，停留三至五秒。再缓慢地把气体呼出，呼气时心中暗示所有的紧张压力都被排出去了。重复三到五次，会感到身体在慢慢地变轻松。

装进锦囊的智慧

1.接纳焦虑紧张情绪。不要害怕焦虑紧张的心理状态，适度的紧张，能够提高专注度和效率。

2.与焦虑和紧张情绪对话。与其与紧张焦虑情绪对抗，不如与其和平共处，感受和体验它，和它对话，让焦虑和紧张情绪在合理的范围内。

3.合理调适焦虑与紧张情绪。规律、有序的生活习惯，积极向上的生活态度，良好的人际关系是克服心理障碍，保持良好学习状态的长久之计。

后记

拥有美好的生命，才有未来可期

"生命不保，何谈教育？"当这本书稿经历了春、夏、秋八个月的写作，交付中国妇女出版社赵曼编辑的时候，我对"生命"两个字，对于"青少年"这个词，似乎又多了些思考。

作为一名专业的青少年权益保护工作者，在三十余年深入大、中、小学校和社区的教学与培训中，我深切地感受到，安全自护教育是青少年成长的基石，没有安全自护知识的普及，没有青少年生命意识的觉醒，就没有青少年美好的明天。

在社会高速发展的今天，青少年面临的传统风险没有完全退场，自然灾害也没有减少，溺水、交通事故仍然高居青少年死亡事故前两位，青少年犯罪总体仍呈上升趋势，同时，快节奏的生活、沉重的学习压力、缺失的家庭教育理念、功利化的教育方式让当代青少年面临更多的诱惑、更多的风险、更多的生存挑战。

保护、帮助、陪伴青少年成长是青少年权益保护工作者的天职。在与青少年的接触过程中，我时时能感受到当代青少年那颗纯洁的心充满对美好未来的追求、对童真生活的渴望，也经常能看到他们迷茫的双眼、委屈的泪水，当然，也看到过刚刚绽放的青春之花突然凋落……生命具有不确定性，而我们的工作，就是让孩子的生命得到保护，让他们的身心更加健康，让他们的明天更加美好。

感谢在本书编写过程中给予我大力支持的各位专家、友人及学生。团中央 12355 青少年服务台心理专家张满江、中国红十字会急救培训师王立强、北京性病艾滋病防治协会副会长福燕、北京市五星级志愿者侯智勇，以及黄诗悦同学、许湘坤同学，都以对青少年成长的高度负责精神为本书的编写给予了专业的指导和大力的支持。北京青爱教育基金会张银俊理事长、邢海燕秘书长、武江常务副秘书长均对本书提出了宝贵意见。著名教育家顾明远先生通读全书后亲自作序，对此书予以肯定。在此一并表示感谢。

为青少年提供安全健康方面的书籍是一件谨慎的事情，虽然本书经历了近一年的写作时间，但书中的内容、逻辑难免存在不妥及疏漏之处，诚请各位读者及青少年朋友给予批评指正。

拥有美好的生命，才有未来可期。愿每一名青少年都远离危险，拥有快乐的今天、美好的明天！

许建农

2023 年 11 月